實戰智慧館 522

優勢創業

掌握5大重點，把你的優勢變成一門好生意

陳政廷 著

推薦文

鞏固山頭，讓你出頭

吳家德（NU PASTA總經理、職場作家）

如果你想要在職場擁有競爭力，推薦你看這本書。因為書中有含金量極高的就業指南與務實性很強的學習系統，讓你累積持盈保泰的個人實力。

如果你想要創業，不知如何開始，推薦你看這本書。因為書中有整套的商業計畫與清楚的執行策略，讓你循序漸進往創業成功的道路前進。

一本好的工具書，不僅是只給答案與做法，還要你自問自答為什麼。而這本好書，完全契合我的想法，當我一讀再讀之後，深感實用，也樂於推薦。

說實話，出版公司請我閱讀這本新書時，我對本書作者陳政廷先生是陌生的。但經由仔細瀏覽書中的文字與內容，我發現兩個亮點，其一，作者有很濃烈的職涯顧問與創業輔導底蘊，書中的好觀念非常實用接地氣，值得買來看；其二，因為這本好書，讓我有強烈想要認識政廷的衝動。因為多認識一位新朋友，可以在生活與工作互相交流，絕對是一件美好的事。

「羅馬不是一天造成的」、「天底下沒有白吃的午餐」，用這兩句話來解釋「創業」都是很好的形容詞。我常在演講場合告訴年輕人，別急著想要「出頭」，要先學會鞏固「山頭」。這個山頭包含「人」與「事」兩者。

關於「人」，我會請他們自己問自己。在未來的創業之路，你所認識的家人、朋友、同事，是否有人可以義無反顧地挺身出來幫你，包含資金、技術、團隊、策略等。如果有，恭喜你；如果沒有或不足，那就趕緊尋找吧！

關於「事」，我提出的做法和作者很像，就是善用「商業流程計畫書」，檢視創業必備的關鍵要素，讓每一步都走得謹慎安全。當我看完《優勢創業》這本書時，我覺得作者又補充了好多我從未想過的做法與執行計畫，甚感受惠。

我算是職場的內行人，這本好書絕對是作者花了十多年才寫得出來的武功祕笈。而現在的你，只要花少少的錢就能得到大大的效益，太划算了，趕緊下單結帳去吧！

推薦文

創業之路，你需要身經百戰的沙場戰將

林揚程（太毅國際顧問集團創辦人）

將近三年來的疫情嚴重打擊經濟，很多職業正被自動化流程或互聯網模式取代或淘汰，造成結構性失業的浪潮，過去我們認定如鐵飯碗般存在的食衣住行等行業，如今外送平台取代了它們，迫使我們重新思考新時代職業的定義和形式。

今日的商業雖然持續在創造工作，但愈來愈少工作是以「職缺」形式出現。網路科技與全球化帶來的快速變遷，造成工作被「分割」成專案形式。現在很多人要找工作，不是去找固定的職務，而是想找到挑戰，想辦法讓自己加入接案經濟。換句話說，如今的趨勢不是找到一份工作，而是替自己設計工作，而且在創造個人專業與財務安全上負起責任。

作為資深的連續創業者，我非常認同政廷顧問的觀點，他說許多人的思維往往集中在「如何找到工作」，因為投入工作，才能有錢過活，但其實真正的核心議題應該是「如何賺到錢」，當我們的思維不再侷限於「如何找到工作」，就會發現能夠賺錢的選項其實很多。因此對後疫情時代的人們來說，找工作不如創造工作，因為互聯網時代的創業門檻降低，人人都能嘗試做生意，開創屬於自己的事業，讓人生充滿希望且更自由。

我一直認為，創業不是一種工作，而是生活方式。選擇獨自創業，其實和成立由創投投資的公司一樣，都是一種創業。在這樣的旅途中，你不會想找新手當導師，你會需要一個曾經成功創業的沙場戰將，而《優勢創葉》這本書都能提供指引。

誠如書中提到如何創造理想的工作，首先要了解自己的價值觀，並將價值觀與工作條件連結，找到自己的獨特優勢與發展機會來打造新事業。這正是政廷顧問多年創業諮詢經驗的積累。

本書內容結合了關於創業最新的趨勢與模組，同時提供了各種有效使用的工具表單，並輔以實際案例說明，用具體的問題引導讀者思考如何落實執行的步驟，清晰明確且操作性強。

我們現在正以非傳統的方式進入職場或重新進入職場，如果你希望乘著這股新浪潮創業，這絕對是一本必讀之作。

優勢創業

目錄

前言

沒有永遠保障的工作，只有永遠保障的自己

成為一名專業的輔導顧問，幫助更多人找到發展的方向，對我而言不只是一次偶然的觸發，而是在自我生命歷程中不斷累積而來的呼喚。

回顧過往的生命經驗，朋友們對我的回饋總是非常相似而雷同：「Ben，感謝你的鼓勵，讓我勇敢做出這個決定！」

其實認識我的人都很清楚，我是個標準的行動派，設定目標對我來說是小菜一碟，專注完成目標則是生命中的重要DNA。照道理說，學生時期容易被人評價主觀、固執又直率的我，怎麼樣都無法和「支持者」的角色有所重疊，然而無獨有偶的是，我最常被周遭朋友感謝的事，居然是他們每次遇到重要時刻需要做決定時，我的出現幫助他們勇往直前。種種事例讓我不禁省思，或許我總是稱職地扮演「觸媒」的角色，只是自己渾然不知。

想不到這樣的天賦，讓我走上了用自己的專業幫助他人的道路。

「我不知道接下來該怎麼辦？」

「面臨職涯轉變，我不知道該何去何從？」

「我想做出改變，可是不知道該怎麼找到適合自己的方向？」

「我想要創業，但不知道該怎麼開始？」

「我正在創業，但是很多狀況是我創業前意料不到的……」

如果你也有以上的困擾，恭喜你，這本書是為你而生的。

重點是「如何賺到錢」

我認為現代職場工作者面臨的最大問題，就是用上一個世紀的職涯思維，來因應當前的挑戰。尤其產業結構發生改變，導致有些人的飯碗被大環境無情地剝奪了。結構性的失業意謂著這已經不是個人能力問題，不管你過往擁有多輝煌的戰績，都無法與時代巨輪對抗，其中一個現象是，科技自動化淘汰工作的速度，遠大於新職缺產生的速度！

尤其因為新冠疫情的影響，很多人被迫離開熟悉的工作崗位與產業，在這些人當中，有不少比例是家中的經濟支柱，面對生活壓力，不知道下一步該往何處？

人們之所以投入工作，有很大一部分原因是因為需要賺錢，因為每個人都需要生活。但我常常發現，人們的思維容易集中在「如何找到一份工作」，而忽略真正的核心議題是「我如何賺到錢」。

其實如何賺錢才應該是主議題，其次才是思考以下的子議題：

一、如何找到一份工作，有穩定的收入？

二、如何透過投資理財，為自己帶來投資收入與被動收入？

三、如何透過兼職接案方式，賺取業外收入？

四、如何透過創業來建立自己的事業，帶來長久的事業收入？

只要轉換思維，不再將選項侷限在「如何找工作」，你會發現，其實能賺錢的選項很多。在現代職場中，除了工作收入以外，你仍然擁有其他的可能性。尤其世界趨勢使然，零工經濟崛起，一人公司的創業型態將成為人們在思考職涯規劃時必然納入考量的重點。

一本帶你找到事業方向的寶典

之所以會有這本書，就是在幫助人們解決以下兩個很務實的問題：一、如果今天沒有了工作，如何找到適合自己的發展方向？二、如果今天想要打造自己的事業，具體而言應該怎麼起步？

無論你是因職場危機而有轉型需求，或者只是在正職工作中額外以小資本打造自己的事業／做點小生意，或者害怕自己被趨勢淘汰，因而想提前布局，這本書都很適合你閱讀。

那麼，這本書主要談些什麼內容呢？

第一部：找方向——創造屬於自己的精彩人生。此部會從日益嚴峻的職場環境變遷切入，談到個人的因應策略，同時幫助你建立對於創業的正確認知與思維，重新思考創業的可能性。透過書中提供的工具表單具體操作，就可以幫助自己找到合適的方向。

第二部：找優勢——找到獨特利基與發展機會。這個部分會根據我多年來的實務心得所總結出的戰略思維——「名」、「響」、「利」，這三個字不僅可用在個人創業，還能運用到其他領域。同樣的也會提供具體可執行的表單工具，運用書中提出的組合法及八維度思維，就能清楚知道自己擁有哪些獨特競爭力，並用於創業路程中，成為自己的優勢利基。

第三部：造流程——打造你的商業系統。此部融入了我多年來輔導創業團隊的方法論及工具表單，我在研究國內外各種商業模式後，提出了構建商業計畫的十二個重點，可以幫助有心創業的人架構自己的事業體系。尤其是商業流程規畫這個環節，更能幫助你將模糊的事業概念具象化成可執行的商業流程。不管你選擇在哪個產業開展事業，本章幫助你打好事業地基，盡快讓你的事業如願動起來。

第四部：賺到錢——每個人都該學會的小眾行銷思維。此部主要在探討所有創業者都會遇到的難題，即「如何找到客戶」。過往在學校所學的企業行銷理論，其實是以大企業為基礎之下的產物，創業者若硬搬套用，只會感到格格不入。對創業團隊／中小企業來說，應該具備的是小眾行銷思維。這個部分將針對創業者提出適合創業初期的行銷策略思維，帶你扎實有效地累積客戶名單，為彼此達到雙贏的成果。

第五部：能發展——從一個人到一群人，讓工作變事業。別人創業成功的方法有其天時地利人和，未必人人可以複製效法，但會導致創業失敗的地雷，往往就是那幾個！此部會說明如何避免初期容易犯的創業錯誤，並針對創業團隊與創業初衷做更深入的探討，幫助你在事業發展茁壯之時，減少成長期帶來的困擾與痛苦。

這是一本可以陪伴所有人實踐理想的實操教戰手冊，提供了多個可執行的方法與表單工具（本書所有表單可自下方 QRCode 下載），再加上案例的輔助說明（書中案例改編自真人真事，當事人皆採化名），相信一定可以幫助你輕鬆吸收，進一步便於實踐。

真誠地希望這本書能夠帶給更多人勇氣，讓更多人在面對嚴峻挑戰時，不再被動等待機會，而是找到合適的方向，主動去開創更多可能性，進而在這充滿限制與挑戰的世界裡，創造自己想要的事業樣貌，活在靠自己雙手打造出來的理想未來中。

表單工具

第一部

找方向

創造屬於自己的精彩人生

- 終身雇用制的崩塌
- 鐵飯碗的新定義
- 創業不再遙不可及
- 找方向？先問問自己的體驗
- 價值信念決定你的人生抉擇

第1章

終身雇用制的崩塌

二〇一三年，我幸運地開始有了一個新身分，這個新身分不只是額外的商業機會，更是一個值得終生奮鬥的人生使命，也就是職涯諮詢顧問。

這份工作讓我有機會接觸到人們各種不同的職涯問題，而我可以服務到的族群可說是非常多元，有大學新鮮人、轉職者、失業民眾、弱勢族群、外籍配偶等，涉及的產業更是五花八門，這也讓我因此能夠透過諮詢的過程，了解到各行各業的第一手職場就業情況。

因為長期接觸，所以我對職場就業環境的變化非常敏感。特別是產業生態的變遷，對企業經營的挑戰愈來愈嚴峻，使得愈來愈多的職場工作者被迫離開工作崗位。即便是服務數十年的公司，不管過往的規模有多龐大、績效表現有多卓越，公司說倒就倒的案例可說是屢見不鮮，尤其二〇二〇年起疫情肆虐所引發的企業倒閉、緊縮裁員效應。由於我從事職涯諮詢顧問的工作，每當聽聞這樣的消息，不禁煩惱那些無預警被迫離開工作崗位的員工該怎麼辦？這些員工的家人又該怎麼辦？

雖然現在大家對這種新聞已經習以為常，但在三、四十年前的終身雇用制之下，卻是不得了的大事，然而今天所謂的終身雇用制早已不切實際。

高速變遷的環境，更要調整職涯策略

在過往的年代，一個員工在一間公司任職數十年是一件足以自豪的事，企業也會以此作為招募人才的亮點。還記得我年幼的時候，當時的台灣可說是「錢淹腳目」的黃金時代，很多公司每年都會替員工調薪，讓員工心無旁騖地繼續服務。所以那個時代最主流的職涯規畫思維就是：用功念書考上好學校，想辦法找到穩定的好工作，安穩發展過一生。

的確很多人都照著這個路徑得到了想要的結果，但不要忘了，任何方法和策略都有適用的前提與場景，從來沒有一成不變、永遠奏效的。**人不能盲從守舊，要懂得因時制宜地調整自己的策略與方法！**

我以撲克牌遊戲做比喻。請想像自己是一位準備參與撲克接龍比賽的候補玩家，當別人在場上競賽時，身為候補玩家的你就會在一旁觀察、學習和演練，因為你知道只要照著前輩的成功策略做，就能確保自己上場時通殺四方，贏得冠軍。

看到這裡，是不是覺得這就像我們過去主流的職涯規畫思維？然而我們預設的未來發展，可說是基於穩定不變的環境。

我們把故事繼續發展下去……苦練許久的你終於等到上場的機會，想不到才玩不到兩局，都還沒好好應用剛剛研究的戰術，就聽到大會公布下一局將變更遊戲規則。這對你來說無疑是晴天霹靂，你還沒來得及理解遊戲規則，遊戲就已經開始了。

這時候你會發現，先前與你做同樣思考的人目前都處在迷惘無助的狀態，但不久之後，大家開始做出不同的選擇。有人直接退出遊戲；有人選擇繼續比賽，打算沿用之前研究的戰術，只是沒幾局就會發現，舊戰術根本不適用，最後一局接一局地輸，直到淘汰；有人雖然還不太了解新遊戲的規則，但願意重新學習，邊玩邊思考贏的策略，冷靜應對，在這種情況下，即便前幾局還是輸，終於開始慢慢掌握新遊戲的訣竅……

然而過沒多久，大會再度公布要變更下一局的遊戲。面對突如其來的變化，雖然一樣會緊張、擔心，但從前面的經驗中已經知道如何找到致勝的契機。

這個故事如同我們此刻面臨的職場環境，在面對詭譎多變的環境時，要想在未來求得發展，靠的是能夠掌握局勢，並且迅速做出回應的能力。因此在職場中，只有熟悉規則要領和環境，才能幫我們創造卓越的成果。**請從僵固的職涯策略思維，轉變成能夠因應環境變化、適時動態調整的職涯策略思維。**

未來職場無法掌控的變數

職場的環境不斷在變化，對工作者來說，不管身處何種產業，都會遇到以下兩種身為員工所無法掌控的變數：

一、VUCA時代下的產業變遷

所謂的VUCA，指的就是「volatility」（易變性）、「uncertainty」（不確定性）、「complexity」（複雜性）、「ambiguity」（模糊性）的縮寫。

過去由於產業變遷幅度不大，企業可以根據現有情報進行中長期的策略規畫與布局。但今日網路科技的普及，不管是好或壞的影響，網路就像加速器，讓一切變得飛快起來，不僅消費者的喜好愈來愈難預測，產業也因各種技術創新而迎來更多機會與挑戰，甚至可能連競爭對手都不見得知道在哪裡，跨界競爭變得愈來愈普及。

舉例來說，由於網路技術的發達，人們愈來愈習慣透過通訊軟體來取代電話簡訊，十年前的電信公司或許想不到，會影響到他們利潤的不是其他同業競爭對手，而是通訊軟體慢慢侵蝕他們的基本利潤。

哪怕是最精明的企業經營者，恐怕也無法篤定地預估接下來半年會發生什麼事。一如二〇二〇年的疫情，沒有人會知道這個世界居然因為病毒，導致各產業發生天翻地覆的變化！企業掌舵者忙著因應眼前的經營難題，甚至準備轉型來應對未來市場的挑戰，自然無法像以前一樣持續提供員工長遠穩固的保障。對員工而言，即便任職國際知名企業，也不代表所處的公司能無懼外在環境的變化，依舊安然自處。

事實上，就在二〇二〇年，全球有不少知名企業紛紛傳出倒閉與裁員的消息。在未來的世界，就算是巨人也可能倒下，只有能迅速因應變化的人與組織，才會成為最後的贏家。

二、能力迭代速度愈來愈快

過往的成功經驗不代表未來也能繼續成功，同樣的，專業技術也是如此。倘若沒有持續讓自己的能力符合當前環境的市場需求，很容易就會變成被時代遺棄的人。因此，培養與時俱進的能力十分重要。

傳統雇傭思維變成聯盟共創思維

既然如此，有人或許會有一個疑惑，既然資方無力承諾照顧員工一輩子，而勞方無法永遠任職於一間公司，那未來的職場樣貌又會變得如何？

全球最大專業社群 LinkedIn 創辦人雷德．霍夫曼（Reid Hoffman）在其著作《聯盟世代》（*The Alliance: Managing Talent in the Networked Age*）中提及，員工和企業的關係將變成「聯盟關係」。

白話來說，公司要像是一支球隊，而員工就像其中的球員！

球隊通常有明確的目標及經營方針，球員要為自己的球隊贏得比賽、奪取冠軍。隨著時間的推移，球隊的成員會改變，可能某些球員選擇加入其他球隊，又或者球隊管理層決定放棄某些球員，不管發生什麼樣的轉變，球員聚在一起的目標就是為了達到球隊的目標。

這種關係就像一句耳熟能詳的話：不在乎天長地久，只在乎曾經擁有。

在未來的職場，「聯盟關係」將更加健康與務實，並且能夠充分為勞資雙方彼此增值。在有限的共事期間內，員工要幫公司創造價值，而公司的資源能幫助員工成長，讓員工的能力提升，進而提高職場身價！

哪怕沒有終身雇用制的保障，
有實力的人一樣能在聯盟關係中得到獎勵！

第2章 鐵飯碗的新定義

過去聽到「鐵飯碗」這個詞，多半會聯想到「穩定」、「牢靠」、「保障」、「長遠」及「安全」這些詞彙。其實，「鐵飯碗」與終身雇用制密不可分，大部分的人認為，倘若能在公部門、國營企業與大型企業上班，很有機會能就此工作到退休。但是如同第一章提到的，終身雇用制在二十一世紀已經不切實際，所以符合傳統定義的鐵飯碗工作，如今變得非常稀缺！

其實，今日對於「鐵飯碗」的定義和以往不太一樣；鐵飯碗不再是等著別人給予，而要靠自己打造！當今世界的鐵飯碗不是在一個地方吃一輩子飯，而是一輩子到哪裡都有飯吃。

我第一次聽到鐵飯碗的新定義，大約是在二〇一五年，當時有位職涯顧問前輩在一次活動交流中與我分享這個想法。這個新定義對我來說絲毫不陌生，因為其中的道理，與我們長期在談職涯規畫主題的兩大概念有直接連接，分別是「ＵＳＢ人才」及「可轉移技能」。以下我會針對這兩個概念分別說明。

ＵＳＢ人才，發揮最大化專業價值

未來需要的人才，就要像ＵＳＢ隨身碟一樣，內部儲存必要的資訊量，並且能夠隨時更新，不管處在哪一種載體（電腦／平板／手機），都能迅速且正常地發揮效用。也就是說，未來能夠奔馳商場的優秀人才不管身在何種環境，都能迅速應對，樂於與其他團隊協作，將自身的專業價值發揮到最大化。

全球化已是必然趨勢，人才爭奪戰早已不受地域限制，加上遠端工作的環境日益成熟，優秀人才不僅能在自己的國家中嶄露頭角，同時亦能跨區域四處征戰。

回到前面有關鐵飯碗的新定義，其實「一輩子到哪裡都有飯吃」的背後意義，代表的是ＵＳＢ人才能在短時間內對當下環境做出判斷，不拘泥於自己原有的思維，反而能思考如何將自身價值與當地資源結合，融入職場文化中，憑藉專業迅速交出亮眼的成績單，為組織帶來貢獻。

擁有可轉移技能，終身創造價值

在職涯規畫的知識領域中，「可轉移技能」扮演著非常重要的核心概念。在說明之前，我想先解釋「不可轉移的技能」，或許能讓你更快掌握概念。

所謂的「不可轉移的技能」，指的就是該項能力必須仰賴特定環境、設備與流程，才有辦法發揮作用。對員工來說，倘若學到的技能在離開公司後就無法派上用場，就必須有所警惕，這表示過往累積的能力都是無法轉移的，對個人職涯發展是不利的現象。

舉例來說，連鎖餐飲業特別重視標準作業程序（Standard Operation Procedure, SOP），舉凡餐點的製作流程、環境的要求及原料的採用都有嚴格規範，員工必須按照公司給的資源及規範，才能製作出指定的餐點。由於是既定的SOP流程，企業方便複製拓展與品質控管，同時能降低人員教育訓練成本。這樣的方式對企業經營絕對是正確的，因為有SOP，很多職位不需要頂尖人才，一般人就能快速上手，哪怕資深員工離職，企業都有把握在短時間內再訓練同樣的人才，知識和專業仍保留在企業自身，經營決策不會被少數專業人才綁架。

反過來說，員工卻可能在離職後因為缺乏原物料供給、對應的設備環境，即便把製作流程牢牢記在腦中，也未必能靠自己做出老東家的餐點，也就是技術並未真正掌握在自己手中，這項技能「不屬於自己」。同樣的道理，很多工廠的作業員也是如此，一旦離開公司提供的資源與環境，所累積的技能就無法派上用場。

由此不難理解，「可轉移技能」就是**當你離開公司時，擁有的專業技術還能為你所用，持續為你創造價值**。

例如，銷售能力就是一種可轉移技能，雖然會有不同產業（企業對企業〔B2B〕或企業對消費者〔B2C〕）與產品的差異，銷售的基本原理卻很容易套用與實踐。基本上，一個好的業務人員代表這個人在銷售情境下的影響力，所以不管在他手上的是什麼樣的產品，都能依照過往的銷售經驗來加以變化應用，達到銷售目的。

同樣的道理，企畫能力也是如此，雖然不同類型的企畫會有不同的內容焦點，但其原理是共通的。以我自己為例，學生時期因為擔任社團幹部，寫最多的就是活動企畫書與贊助企畫書；出社會後擔任影印機業務員，曾針對公部門大型標案寫過四十多頁的標案企畫書；後來在顧問公司與人力銀行任職，寫的企畫書類型又有所不同，直到近年擔任創業輔導顧問，則多屬於營運企畫類型。之所以能夠駕馭各種不同類型的企畫書，關鍵還是在於自己對這門知識的理解與實務應用，只要抓住本質，就容易因應不同需求來製作。

通常可轉移技能具有以下四個特點，你也可以照著下列邏輯，想想自己擁有多少可轉移技能。

一、可轉移技能不只在原產業／工作能發揮效用，亦能應用在不同的產業／工作。

二、可轉移技能不受體制、環境、設備侷限，能在外部環境最少限制下發揮效用。

三、可轉移技能通常是一學致百用，即便到未來也能應用在各種情境。

四、可轉移技能的特徵就是可累積、可強化、可攜帶。

在後續章節裡，我將透過表單工具來幫助你盤點自己的可轉移技能。

我在課堂上經常與學員溝通一個觀念，那就是「忠於你的專業，而非侷限單一工作」。這裡的專業，其實就是可轉移技能。不要只想滿足某一項工作而去累積能力，因為未來的世界沒有定型的工作，其間的界線會愈來愈模糊，所以不建議用工作的框架思維來侷限自己，反而應該用問題意識來重新看待自己在職場上的價值，自己擁有的可轉移技能可以幫組織帶來什麼貢獻、能幫助人們解決什麼樣的問題，以及能解決的問題層次到哪個程度。

套一句亞太知識創生發展協會理事長鍾曉雲老師常掛在嘴裡的話：**你身上的功能愈多，愈不會餓死！**這句話背後的意涵，其實就是可轉移技能為個人帶來的變現力，讓你成為走到哪都能創造價值的人，對自己才是長遠的保障！

改變，是為了活出更精彩的自己

在我多年來接觸許多失業民眾的經驗中不難發現，很多人都曾經是產業界的菁英，他們身懷專業技能，不乏豐富經歷，但是面對產業衝擊，仍然無法阻擋整體大環境的變動。優秀的人才沒有舞台，不僅對個人是殘酷的打擊，長期來說對國家更是不容小覷的重大警訊！

其實我剛出社會時，也曾經歷「被裁員」。我永遠記得當時在會議室裡，主管告知我當天就收拾東西滾蛋，並要我當場簽下「自願離職單」，要求我不得透露消息給其他同事，整個過程可說是非常粗暴且不通人情。等我離開公司後數日，同事才私下告訴我，在我原本的辦公座位上坐著之前離職的老前輩。原來是老人要回鍋，這對企業是現成的即戰力，遠比我這個需要花時間栽培的新鮮人好用太多！

想不到我才剛出社會，就上了一堂震撼教育，而且還不是一般新鮮人可以體驗到的過程！雖然當時我為此痛苦了約莫兩週，但回想起來，我必須承認這堂課很值得。因為這次事件，讓我下定決心告訴自己，未來的職涯旅程絕對不再被人這麼對待，不再呼之則來、揮之則去！

曾有人對我說：「打擊你的人，也可能是你的貴人。」其含義我在多年後終於能體會。「希望」是人願意往前衝刺的動力，我想說，其實「恐懼」也是。甚至可以說，我今天能在職場上有些成就，這次事件算是功不可沒，而我學到的第一個教訓就是，再怎麼不甘與痛苦，地球不會因為你而停止旋轉；再怎麼憤世嫉俗，也無法為自己帶來改變，但選擇採取行動，卻有機會改變未來自己的結局！

因為那次的震撼教育事件，我的人生有了重大轉變，我從生平無大志的散漫態度，變成凡事積極向上的拚搏態度！為何我轉眼間能夠「轉性」如此巨大？其實當時我心中憋著一口氣，想向世界證明自己不會是永遠的魯蛇。我想憑著積極學習和改變，做出成績給那些不看好我的人瞧瞧。此外，因為內心恐懼有朝一日會再受到如此對待，實在不想再經歷一次這樣的痛苦，於是不斷告訴自己，既然沒有富爸爸當靠山，也沒有高學歷，外貌條件也不出眾，我能憑藉的就只有比別人更努力。因為深知此點，所以在往後任職的工作中，我都告訴自己要比別人更拚，要比別人更強。我好怕停下腳步後，就被世界淘汰！

回顧過去，至少三十歲前的自己受到那次事件的刺激，而想做出成果證明給別人看，嚴格來說，長期維持這種心態和動力其實滿不健康，而且無法持續很久，通常是

「痛有多深，就衝多遠」。然而痛不會是永遠的，一旦感覺淡化，腳步自然容易停下，這也是多年後在經歷不停的衝撞與反思，才開始學會把焦點放回自己身上，不再為了證明給別人看而努力，而應該為自己而活，為了活出更精彩的自己而努力，好好地學習去享受整個過程，學習接受生命中的各種可能。

成為公平與善良的強者

「被裁員」事件對我的第二個血淋淋又深刻的教訓是：不管用多華麗美好的詞彙包裝，這世界的其中一個本質就是「弱肉強食」。

這是我當時體悟出來的道理，或許你無法認同這麼直接又殘酷的論點，但不能否認的是，這世界是由少數強者來決定規則，進一步決定多數人的命運！

所謂的強者，就是在該領域擁有話語權、影響力和制訂規則的權力，強弱的概念是相對而非絕對。很多人會抱怨世道不公，但在很多場合，要有資格對別人要求公平，前提是你要有對等的實力，否則抱怨只會淪為弱者的叫囂，毫無意義。

因此想要公平，就得先成為有能力改變局面的強者；與其怨嘆不公平，不如思考如何讓自己成為強者！因為只有強者才擁有選擇權和規則制訂權，而等待弱者的往往只有被選擇、全盤接受的命運。倘若不想成為弱者，唯一的方法只有讓自己不斷強大，才能守護自己的財產，保護自己重視的人。

所謂的「讓自己變強大」，未必是成為萬人之上的存在，但至少要讓自己擁有「更多的選擇」，在自己所處的領域具有「影響力」，能在一定程度上掌控「自己的命運」，而非淪為被他人左右的結局。

只有當你愈來愈強，才能選擇成為待人公平與善良的強者。因為理想與抱負向來奠基於實力之上。

積極累積可轉移技能，
持續創造自己的終生價值。

第3章 創業不再遙不可及

「創業」對很多人來說，似乎是一件遙遠的事情，但是當你理解到當今企業無法提供員工終身雇用的保證，以及真正的鐵飯碗是需要靠自己打造這兩個觀念，你就不難發現，維持單一的收入來源不再變得可靠，至少受雇領薪不再是安全穩定的代名詞。真正的保障穩定，最終還是必須靠自己創造，或許你會發現，創業這個選項似乎已經不再那麼遙不可及。

事實上，在今日這個時代，創業門檻相較以往可說是大幅降低，只要願意嘗試，人人都有機會快速驗證自己的想法，從一筆小生意開始嘗試。打造一個自己可以掌握的事業，對許多人來說，或許比傳統的受雇領薪還要來得安全。

從尋找工作到創造工作

從小我們的職涯教育就是以「尋找工作」為主，但是在這個時代，「創造工作」的概念更應該被看重。

在我職涯諮詢的過程中，經常會看到人們遇到以下兩種情境難題：

情境一：在大環境的影響下，產業面臨競爭和萎縮困境，使得職缺愈來愈稀少。

情境二：因為個人年紀、體力與資歷的限制，就業市場上剛好沒有符合的職缺，也無法確定何時才有適合的職缺出現。

面對這兩種情境，你真的還繼續堅持只有「尋找工作」這個選項嗎？首先，請認真思考這個問題：為何人需要工作？

這是一個很直接的問題，許多人進入職場多年，可能也未必會思考這個問題。為何我們需要工作？從學校畢業後就踏入職場工作，這似乎是天經地義的事，所有的師長和媒體也都在宣導這個概念，就算工作了一輩子，或許也不會有所質疑，我曾在職涯諮詢現場問過很多人，但大多數人聽到之後的表情常常是一臉錯愕，這是因為沒有多少人去思考：為什麼人需要工作？

稍微思考之後不難發現，其實工作是手段，不是目的。我們希望透過工作來賺取收入，讓生活品質能夠無虞，並且能夠照顧自己重視的人們，進而實現更多想要做的事，所以千萬不要讓自己只停留在「尋找工作」這單一選項，而應該直接針對本質去思考「如何創造收入」，你會發現，能做的事情其實比想像中多很多。

我在做諮詢服務時，面對一些有專業資歷與人脈資源的失業朋友，都會提醒他們：工作當然還是要繼續找，但也要思考怎麼應用自身的資源，開始做點小生意。這兩條路並非單選題，而是可以雙軌並行。每天花固定的時間搜尋適合的工作，剩餘的時間則可以思考與嘗試各種變現的可能性。兩條路一起走，看哪一條路率先創造成果，到時再做取捨也不遲。

雖然「創造工作」是個新思維，其實已有很多年輕人開始做這類事情。邱君就是在高職時期發現自己的興趣，比起學校的課業，他選擇投入更多時間和精力去研究網路程式設計，我第一次創業的公司網站就是委託他製作，當時他不過是個高職三年級學生，就能做出具有業界水準的作品（重點是價格比正規公司便宜）。他大學沒畢業就成立工作室，並且接案，還組織志同道合的團隊幫企業製作網站及後台程式設計。

對他來說，根本就不需要投履歷表，因為他早已領先多數和他同齡的人，在學生時代就預做嘗試和準備。當大家畢業後才開始忙著找工作時，他早就為自己創造了理想的工作，著手打造自己的事業版圖。

邱君為自己創造了理想的工作，這個過程其實就是創業。

在此要溝通一個觀念，展開創業的旅程並沒有想像中的困難，小資本也有創業的機會，美國矽谷流行的「車庫創業」，還有我輔導過的創業團隊，就有從大學研究室開始起步，也有的創業家是在家裡用一支手機、一台電腦就開始他的事業。很多時候，在創業初期未必需要大手筆地租賃辦公室、招募團隊和研發生產，花時間精力研究市場、驗證自己的商業概念才是核心主軸，而要做到這些事，不見得需要大量資本才能運作。

雖說創業的失敗率很高，同時也和創業者的個人素質有直接關係。創業就像是「人人有機會，出頭沒把握」，但整體來說，在這個時代選擇創業，有利多也有風險，以下是我看到的三大利多：

一、網路世代重新定義經驗價值

過往我們會認為，一個人若要靠講授自己的專業來賺錢，至少他的專業水平要有八十分才有辦法服眾。但在網路發達的時代，只要你的經驗與專業對人有助益，哪怕不是該領域的權威專家，也能分享知識。

以我為例，因疫情肆虐，導致許多實體活動與課程紛紛取消或延期，我的工作因此受到影響，從原本熟悉的實體授課轉為陌生的線上授課。為了因應工作需求，我學了很多遠端會議軟體，積極研究各種線上可供教學用途的工具平台，於是發現 Gather Town 這個有趣的虛擬辦公室平台，其介面有別於市面上常用的遠端會議軟體，更像是一個由像素打造的遊戲互動空間。Gather Town 不僅可用在教學與會議用途，當時還有學校運用此平台舉辦畢業典禮，即便是在線上舉辦，其介面與功能照樣能讓大家耳目一新，擁有絕佳體驗！此外，也有機構運用此平台進行線上活動策展，同樣達到很好的效果。

由於 Gather Town 是全英文介面，對初學者來說需要時間適應，加上我發現網路上很少關於此平台的教學介紹，於是我將自己摸索的心得，製作成一本簡易的操作手冊電子檔，放在ＦＢ供大家免費下載。當時只是一個很簡單的想法，就是希望能幫助更多人熟悉應用這個平台。

想不到這份手冊獲得許多網友轉載分享，短短時間內，轉分享已達數百次，而手冊檔案的下載連結也超過一萬次點擊。其實這樣的結果完全出乎我意料之外，當初一個單純的念頭，得到這麼多的正面迴響，至少在那個時間點，我的操作手冊或許確實幫到一群人，也讓更多人認識這個平台。

你未必得是大師才能教人，不過只要做好目標分眾，人人都有機會透過網路來分享自己的專業知識，達到知識變現的目標。

就像我們可以透過 Youtube 影片學會如何彈烏克麗麗，影片中負責教學的人未必是音樂領域的專家，只要他的專業能幫助一般新手彈奏簡單的樂曲，那麼這支影片就有機會透過廣告方式為教學者賺取收益。同樣的道理，誰說一定得是大廚才能教人做菜？在 Youtube 裡可以輕易找到一堆素人分享料理的經驗，對有需求的人來說，這些經驗就是有價值的內容。

所以在網路世代，搞不好你不在意的專業能力反而是某一群人的需求，只要提供被需要的優質內容，你就有機會為自己創造新的事業機會。

二、技術門檻降低，人人都可以嘗試做生意

我剛出社會時，曾花十多萬元製作一個企業網站，當時沒有所謂的套版網站，ＦＢ也還未問世，無名小站是部落格的主流，很多工具都要付費，而且價格不斐。

到了二十一世紀，過往需要高成本的工具都變得非常便宜，甚至免費。這對創業者來說是一大福音，不僅有現成套版網站可以免費使用，想要販售商品還能選擇各種電子商務平台，如果要經營客群，ＦＢ、LINE 和ＩＧ在初期都不需要投入昂貴的成本，讓想創業的人可以更輕鬆地起步。

三、拜科技進步所賜，驗證創意快易省

過去要驗證自己的創業概念是否可行，通常需仰賴人力和實體活動，要過好一陣子才能知道自己對市場的預測是否合理。但現在透過網路，就可以對目標用戶進行測試與預售，這對創業者來說，不僅大幅節省了時間，同時可以更快蒐集用戶意見，快速調整後再次投入市場測試，讓創業者的資源可以更聚焦在市場驗證，用比以往更便利的方式，完善自己的產品與服務。

看到這裡，你應該會覺得「創業」不再遙不可及，但對上班族來說，是否能夠既保有工作，同時又展開創業的旅程？

要聲明的是，創業向來是嚴肅的事，千萬不要抱持僥倖的心態去嘗試，很多人全力以赴、投入身家去創業都未必成功，更何況是邊上班邊創業？

在職創業的前提

不辭職創業，可能嗎？答案是「當然可以」，但是「有前提」！我以自己輔導過的實際案例來說明在職創業的觀點。

二〇一九年，王小姐來找我諮詢她所遇到的職涯難題。她在一間貿易公司擔任行政人員，已有七年資歷，對這份工作可說駕輕就熟。但她發現自己對目前的工作愈來愈沒動力，也害怕如果貿然轉換跑道，不確定是否為正確的決定。由於她對於目前的工作內容感到厭倦，加上看不到升遷加薪的機會，在邁入三十歲的年紀，她對自己的職涯發展感到困惑。

「我該繼續在這間公司做下去嗎？再做下去似乎看不到發展的機會……」

「我該嘗試離開舒適圈，去找尋其他工作機會嗎？」

「如果離開現在的工作，憑我的能力真的有可能找到更好的工作嗎？」

在晤談大約三十分鐘後，我發現王小姐其實很期待自己能有所改變，但又害怕改變後帶來的風險。她是風險趨避者，過往大都選擇偏保守和安全的選項，要她放棄現有的工作去挑戰其他機會，最大的挑戰未必是能力，反而是她的個性。她不習慣冒險，遇到困境容易回到自己習慣的舒適圈，生性保守的人要挑戰內心的不確定性，真的是很艱困的任務。

王小姐不是單一個案，在我所接觸的案例中不乏這樣的例子，他們對職場工作不是很有企圖心，只求穩定，卻又希望生活中有些小樂趣。

我發現王小姐有個非常特別的興趣，那就是刺繡。她給我看了她的作品，以我這個外行人來看，無論配色和做工都很不錯，但是如果辭去工作只做刺繡，這是風險滿高的選項。所以，我決定幫她有系統地打造自己的刺繡副業。

我首先問：「如果要把目前的行政助理工作做好，『十分』叫做非常吃力，『一分』叫做毫不吃力，那會有幾分？」

王小姐的答案是五分。

千萬不要小看這個問題，這非常重要，如果連本業都顧不好，就不用想在職創業了。通常，我會建議先把自己的本職工作做好，因為想創業的項目即便沒有收入，也不會影響到日常生活。但本職工作受到影響，卻會直接影響到收入來源，可能連溫飽都成問題。要想在職創業，首先得確保本職收入沒問題，這樣才有餘裕去發展其他事業。

在四次的晤談中，王小姐依照我給她的建議，開始經營下班後的另一個身分——刺繡師。由於她不擅長網路行銷，雖然從頭開始學也是可行，但是耗費的時間較長，也未必真的適合她的個性，於是我請她帶著作品，嘗試去找一些手工藝店這種小通路合作，剛開始用寄賣方式，對店家和自己比較不會造成負擔。

最後一次晤談時，王小姐很興奮地跟我說，她靠著刺繡開始每個月額外增加了八千至一萬五千元的收入，還接到一個客製化的刺繡案子，讓她覺得很有成就感。也因為這樣的發展，她反而感謝自己現在的行政工作，讓她能夠發展熱愛的刺繡事業，做到在職創業也不影響本分工作。

改變自己對原有工作的想法，觀感也會隨之天差地遠。

雖說王小姐的故事不像其他成功創業家一樣，有成功的事業系統、被媒體稱道的產品服務、一批屬於自己的精兵悍將，卻很適合想要小資創業的上班族參考，從自己一個人就能起步的事業，不需要假手他人，穩扎穩打做成生意，為得來不易的客戶做好服務，並持續修正事業的營運流程，有朝一日當副業收入大於正職收入時，至少為自己多了一個選擇，是要繼續維持現有的正職工作，還是全力衝刺剛發展的事業。有選擇，絕對比沒選擇還要好！

創業不用高大上，不妨從自己能掌握的範圍內，嘗試做成一筆小生意開始。

第4章 找方向？先問問自己的體驗

在擔任職涯諮詢師多年的工作歷程中，最常被尋求協助的問題是：我不知道自己該往哪個方向發展？這幾乎是所有踏入職場的工作者都曾低聲呢喃的提問，偏偏這個答案非常個人，沒有所謂一體適用的標準答案，也正因為如此，才會讓人煩惱不已。即便是身為專業職涯諮詢師的我，也無法直接給出明確的答案，因為這個答案需要自己去「探索」；職涯諮詢師的專業在於透過引導技巧與輔導工具，幫助你更具體地把線索呈現出來，然後根據這些線索找出最適合自己邁進的方向。

你的人生由誰負責？

二〇一四年某日下午，我在北部的某處就業服務站已經諮詢輔導完五位民眾，最後一位服務的對象是一名年輕人。雖然至今我有無數的個案諮詢經驗，但這名年輕人的故事令我印象十分深刻，回憶起來仍歷歷在目。

這名年輕人小傑因為是扁平足，不需要服兵役，但大學畢業後已經長達半年找不到工作，所以來到就業服務站尋求協助。

「小傑您好，我是Ben，很開心能有這次互動討論的機會。我們大約有一小時可以討論和交流你目前遇到的職涯問題，不管是什麼樣的問題都可以提出來，因為這個時間是屬於你的。你這次來想要討論什麼樣的問題呢？」

在諮詢服務一開始，我都會做以上內容的溝通，通常在這種聊天似的輕鬆氛圍下，民眾會開始分享自己期望解決的問題。

「我不知道。」小傑面無表情地回答。

咦？不知道？那預約這次諮詢服務要幹嘛？於是我接著提問：「那你為什麼會來這裡呢？」

「我媽叫我來的。」小傑依舊面無表情。

「你媽有跟你說來這裡要做什麼嗎？」我繼續嘗試用問題引導他說多一些。

「我媽說來這裡後，老師就會告訴我以後要幹嘛了！」小傑微微側著頭，一臉認真地回答。

這句話真難反駁，卻也是很多人對職涯諮詢的誤解。事實上，不是職涯諮詢師告訴你怎麼做，而是透過他的專業和方法幫助你探索職涯方向與下一步行動。既然小傑沒什麼預設想法，身經百戰的我同樣能夠繼續晤談下去。

「小傑，既然來到就業服務站，應該會期望找到一份理想工作吧？」

「應該是吧。」他再次回到面無表情模式。

於是我開始透過提問來更了解他的過往，以便找到可供發展的線索與機會。然而不管我怎麼提問，舉凡興趣嗜好、科系、社團、打工實習、夢想、人際、專長、往印象深刻的事……等等，他的回應始終是「不知道」、「還好」、「都可以」、「就這樣」。

「小傑，再這樣下去，我想我可能幫不了你！」我這麼回答。

小傑一聽，原本無精打彩的神情瞬間回了神，他大聲說：「老師，你怎麼這樣說，很不負責任耶！」

我很高興小傑終於有了反應，於是順著他的提問，丟出一個反思題讓他好好想想。

「喔？小傑，請你仔細想想，是誰該負起責任呢？」

小傑先是愣了一會兒，接著頭低了下來。

讀到這裡，你覺得不負責任的人到底是誰？當一個人對自己的一切一無所知，終日渾渾噩噩地過了數十年，這樣的人生是自己該負起責任？還是別人理所當然該為他的人生負起責任？**對自己的一無所知，才是最殘忍的迫害。**

給自己一個體驗的機會

後來與小傑的對談有了顯著的進展。原來他從小到大的所有決定都是媽媽一手主導，在原生家庭的影響下，他被養成順著別人的意思過活，甚至不敢有自己的想法與主見。久而久之，他不僅缺乏自信，人際關係上也遇到障礙。在晤談引導之下，我幫助小傑找到問題核心，並且讓他願意為自己開展下一步行動。

事實上，類似小傑這種案例並不是個案，而是反應了目前社會上的某一類年輕族群，他們的人生彷彿空白一般，不僅缺乏自信與主見，對未來更是充滿焦慮與不安！如果一個人對自己缺乏認識，對外界事物缺乏理解，自然對未來會無所適從！

對於那些找不到眼前方向的人，我最常溝通的一個重要觀念就是「體驗」。因為這是了解自己最重要的指標，也是人生無可替代的資產，能幫助自己拿回生命的主導權，更知道該往哪裡前進。所以，我們在做任何職涯決策之前，若要提高決策品質，取決於過往人生的歷練，而歷練是需要「體驗」來的。

體驗會帶來感覺，感覺會引發動力，而動力決定方向！

同樣的一個事件，發生在不同人身上，會產生不同的化學反應，也就是說，每個人對於相同事件的「體驗」是不同的。

從小到大，個人所經歷的事件都有助於進一步認識自己，因為體驗過後會帶來不同的感覺，而這種感覺就是認識自我的訊號來源。當我們從事一個活動，體驗後帶來的感覺是正向或負向，會影響下次是否再度參與的決定。如果感覺是正向，自然會更願意往這類活動邁進，而每一次的正向感覺都會持續正向增強，變成個人喜歡從事這件事情的「動力」。一旦對一件事有了動力和熱情，日積月累之下，在此領域獲得成就的機率就會大增，變成想要長期發展的「方向」。

我認識一些優秀的斜槓工作者，他們之所以能在本業以外展開新的商業，是因為他們都做了一個很關鍵的決定，那就是：給自己一個機會試試看！這個願意「試試看」的心態非常重要，很多人因為嘗試過，才找到了感興趣、想投入發展的斜槓事業。所以千萬不要小看體驗這檔事。

以我身邊的真人真事為例。安妮原本是公司的人資主管，一次因緣際會接觸了手工肥皂的體驗課程，想不到讓她從此產生興趣，後來陸續報名了實做課程和進階課程。她在製作手工肥皂的過程中，感受到全心投入後帶來的成就感，後來嘗試將自己的成品放到網路銷售，意外得到許多好評。當手工肥皂的生意蒸蒸日上，她選擇辭職，開創了自己的手工肥皂品牌。

另一個例子是我的好兄弟楊仲哲，他目前是國際康體專才培訓學院（International Personal Trainers and Fitness Academy, IPTFA）路跑體能訓練講師、中華民國健身運動協會教練，他的強項是統計，後來還攻讀行銷學博士，同時也是大學授課講師，手上總有不同市調機構合作的顧問案。統計雖然是他的拿手領域，但最愛的其實是跑步，他認為跑步的過程是最享受、也最能感受做自己的時刻。後來他找我協助他發展跑步斜槓事業，如今他已經是具有國際認證的專業跑步教練，每年都會開班授課，幫助更多人加入跑步的行列。

如果你希望有所突破和改變，卻不知如何下手，不妨先為自己多創造一些不同的體驗。對任何可能性都嘗試看看，因為沒有嘗試就不會有感覺，而感覺是影響行動的重要指標，它會告訴你「到底要不要繼續下去」。透過自身體驗與實證的方式，確認這個興趣是不是「打從心底願意長期投入」，這才是比較重要的環節。

當你的體驗豐富了，遲早內在會有個聲音告訴你：這就是我現在想要的！這就是我現在願意投入的！只要有明確的方向，路就不難找！一旦你發現自己有了這些聲音，等於有了前進的方向，接著再應用學習與改變的力量，一步步走出之後的路。

自我提問，強化內在的體驗偵測器

從今天開始，每當你從事一項活動後，請有意識地詢問自己：

一、體驗這項活動的過程中，我的感受如何？是正向的？還是負向的？

二、如果用形容詞來描述這項活動，我會怎麼描述呢？

三、如果下一次還有機會，我願意再次體驗這項活動嗎？

以上三個問題是我多年來練習已久的自我提問，由於單純，反而更能幫助自己聚焦內心真實的答案，而且當你願意開始做這樣的練習，你會發現自我覺察力提高，因為你比以前更重視自己內在的訊號，會用更開放的角度看待曾經從事的各項活動，並從中找到可以發展的樂趣及方向。

後來我更直接將這三個問題變成可操作的表單（參表4.1），幫助學員在日常生活中使用。

表4.1的使用方法如下：

表4.1　體驗追蹤紀錄表

項次	事件／活動	感受（1-10分） 1分：很不喜歡 10分：非常喜歡	形容詞	願意 再次參與
1				
2				
3				
4				
5				

一、在一至三個月內記錄從事過的五種活動，建議可以從過往沒有體驗過的事件／活動開始練習記錄，因為第一次體驗的感受最強烈。

二、「感受」欄位直接以分數填寫，一分為最低分，代表這項活動帶給你的感受是顯著負面；十分代表最高分，代表這項活動帶給你的感受是顯著正面。

三、「形容詞」欄位盡量填寫第一直覺想到的形容詞，每項活動至少填一個，亦可多填。

四、最後一個欄位是詢問自己如果還有下次機會，是否願意再次參與嘗試。如果願意再次參與，就在該欄位打勾。

五、針對表格內容進行自我省思，探討從事這些活動的深層動機。

表4.2是曾經接受職涯諮詢輔導的李小姐所完成

表 4.2　李小姐的體驗追蹤記錄表

項次	事件／活動	感受（1-10 分） 1 分：很不喜歡 10 分：非常喜歡	形容詞	願意 再次參與
1	瑜伽免費體驗課程	1	酸痛 累	
2	潛水初體驗	6	緊張 美麗 新奇	V
3	參加朋友介紹的 烹飪體驗班	8	創造 溫度 成就	V
4	跟朋友去玩密室逃脫	5	難	
5	參加理財投資講座	2	無感 複雜	

的體驗追蹤記錄表，從表中可以發現兩件事：

一、李小姐發現自己對烹飪是感興趣的，她回憶當時參與烹飪課程，看到自己做出滿意的料理時，覺得格外有成就感，讓她想起國中家政課時最期待的也是烹飪課。雖然長大後也會做菜，不過都是簡單便利的家常菜，而後來會對烹飪缺乏興趣，主要是因為過去在母親的指導下，每個步驟都被嚴格要求，以致有一種拘束不自在的感覺。然而參加那次烹飪課程後，因為老師的帶領，讓她發現烹飪也可以很有趣、很自由自在，而且一道用心的料理能拉近彼此的距離。

二、李小姐和朋友一起參加潛水活動，由於是初次體驗，加上她覺得自己水性不佳，所以剛開始一直很緊張，直到潛入水中看到美麗的景色，原本的緊張感逐漸消失。而潛水當下讓人很紓壓，有種突破拘束的輕鬆感。

從以上兩項活動的自我省思中可以發現，「自由」與「拘束」是李小姐一直掛在口中的詞彙，在我把這兩個關鍵詞彙回饋給李小姐後，她才發覺自己其實很嚮往自由。經過這樣的反思討論，李小姐決定報名參加烹飪短期實做班，重新培養新的樂趣與熱情。

其實，只要你有意識地展開體驗，就會發現自己一直以來都忽略的內在訊號。因此只要願意持續做體驗覺察練習，一定可以找到很多自己過往沒發現的訊號。

還找不到方向嗎？
不如先為自己的人生創造更多有趣的體驗！

第5章 價值信念決定你的人生抉擇

如果你問我什麼是個人職涯規畫中最關鍵的要素，我會毫不猶豫地回答：「價值觀」與「信念」。

價值觀代表「你重視什麼」，信念代表「你相信什麼」。這兩者為何如此重要？因為它們左右了我們人生中的大小決定。在人生道路中，一個微不足道的選擇都有可能影響你的一生。所以與其說人是命運之下的產物，不如說是「選擇」的產物。

人生中難免有迷惘的時刻，這種情況就像在野外旅途，就怕突然失去了方向，不知身處何地，接下來又該何去何從。在科技發達的現代，我們可以借助GPS或指南針迅速找到定位，釐清接下來要前進的道路；倘若沒有科技產物的協助，亦可參照古人流傳下來的智慧，抬頭仰望天上的北極星，讓它們來指引正確的方向。同樣的道理，航行海上的船也需要仰賴燈塔來指引船隻入港的路。

簡言之，價值觀和信念就是人生旅途中不可或缺的GPS、指南針、北極星或燈塔，在面臨重要關卡時不會舉棋不定，或任憑他人擺布操弄，而能做出正確的選擇。

在職場上，跟老闆、同事、客戶及部屬的相處是否融洽，固然與個人的交際手腕有關，但也與信念和價值觀有著密不可分的關係。倘若你無法認同組織的核心信念與價值觀，你在這份工作上勢必難以大展長才，因為一個人很難把與自己的價值觀和信念相抵觸的事情做好。

而在團隊領導上，價值觀同樣有其重要性。我在做企業輔導的過程中，都會提醒主管們要花時間了解自己團隊成員的價值觀為何，以及這些成員在工作中最在乎且最重視的是什麼。身為主管／老闆，千萬別將自己的價值觀硬套在別人身上，因為每個人要的東西都不同，尊重差異才算開始真正認識彼此。當主管了解團隊成員間的價值觀差異，也就更容易創造團隊共識與默契。

既然價值觀如此重要，接下來請好好思考這個問題：對你而言，目前何者為重？請想想目前對自己最重要、最有價值的人事物各是什麼？而為了爭取這些，你願意去做哪些準備？

在進行職涯諮詢輔導時，價值觀的釐清是很重要的環節，以下具體的步驟和方法可以幫助你找到自己的價值觀，並且變成可在職涯規畫上加以運用的工具。

步驟方法如下：

一、盤點並排序自己的前十大價值觀。

二、針對價值觀進行自我省思。

三、將價值觀與工作經驗連結。

接下來逐項具體說明。

盤點並排序自己的前十大價值觀

在第一個步驟，我會透過「價值觀清單」這項工具表單（參表5.1），以具象化的方式，把世間常見的九十一項價值觀列出來，幫助你能在最短時間內找到自己當下最重要的十大價值觀。價值觀清單的使用方式如下：

● 使用價值觀清單的目的，是在幫助你釐清個人此刻重視的價值觀，因此請從表中的九十一項價值觀中，挑選出十個你認為重要的價值觀。

表 5.1 價值觀清單

公正	獨立自主	愛	智慧	利他	分享	金錢
信仰	快樂	誠實	健康	成就	冒險	成長
改變	被認同	創造	自由	美感	權力	地位
名聲	金錢	仁慈	家庭	影響他人	時間	知識
領導力	有意義的工作	有競爭力	公益	夢想	交流	保障
自尊	專業能力	誠信	安全感	貢獻	服務他人	藝術
同理心	旅遊	迅速	創造力	助人	休閒娛樂	學習
平衡	發現	歸屬感	友誼	親密關係	平靜	有效率
信任	和平	熱情	名留青史	有趣	自然環境	選擇
秩序	傳統	成功	社群	舒適	挑戰	啟發
控制	精神性	物質性	探索	品質	責任	尊重
接納	多元	公平	廉潔	合作	忠誠	愛情
隱私	穩健	獨特性	堅持	勇氣	和善	開放

● 你必須花一些時間，細讀清單中的每一個字，在閱讀這些價值觀詞彙時，能夠幫助你連結過往的人生經歷，如此才能更深入體會每個價值觀對自己的意義，然後再從中挑選出你覺得目前最重要的前十個價值觀。

● 即便是相同的價值觀名稱，但每個人的定義不同，若你個人過去的經驗與主觀認知對該價值觀有不同的詮釋，則依個人的想法為主。

● 倘若此份清單中沒有符合你想要的價值觀詞彙，你可以直接寫出來，並列入自己的前十個價值觀。

● 當挑選出自己的前十個價值觀之後，請依照你認為的重要順序，從第一名最重要排到第十名。

我以曾經輔導過的一位求職者阿德的故事作為範例，讓你更理解價值觀盤點的操作步驟與流程。

阿德是一位被公司長年外派東南亞的幹部，有一次趁著休假找我討論目前困擾他的職涯問題。他當年三十六歲，為家中獨生子，老家在南投，與妻子育有一個三歲兒子，由於公司提供的福利與待遇十分優渥，所一家三口都居住在越南，是家中唯一的收入來源。他任職的公司屬傳統製造業，公司規模在業界數一數二。他從大學畢業後就到這間公司，一路從儲備幹部做到中階主管，外派至越南已有六年，認真負責的態度與專業能力頗受公司器重。

阿德之所以需要職涯諮詢，是因為他在工作上面臨了重要抉擇。由於他的主管即將退休，公司有意讓他承接越南廠的高階主管。但他同時面臨的另一個難題是，父母年紀漸長，身體狀態逐漸走下坡，父親曾因為疾病進了急診室，雖然手術成功，卻讓遠在越南的阿德十分擔憂。這讓阿德更深刻意識到自己在家中的角色，加上他和妻子都希望兒子回台灣受教育，倘若能請調回來，不僅能就近照顧父母，也能讓兒子回國成長。

一邊是難得的晉升機會，若能晉升，對職涯發展與薪資待遇無疑都有顯著的助益，阿德深知如果錯過這次機會，下一次不知何時會到來；另一邊是阿德身為家中獨子，照顧年邁父母責無旁貸，同時也有身為父親對孩子的成長期待。

在諮詢過程中，我請阿德進行價值觀盤點，他找到自己目前最在意的十個價值觀是：安全感、成就、有意義的工作、影響他人、誠信、被認同、家庭、責任、權力、有效率。接著請他針對這十個價值觀進行重要性排序，結果如下：

第一名：家庭

第二名：責任

第三名：誠信
第四名：影響他人
第五名：安全感
第六名：有意義的工作
第七名：成就
第八名：有效率
第九名：權力
第十名：被認同

針對價值觀進行自我省思

在這個階段，要針對盤點出來的價值觀進行自我定義與詮釋，進一步了解這些價值觀是如何影響自己。我仍以阿德的例子做說明，此階段的具體操作步驟如下：

一、嘗試描述這十個價值觀對自己的意義

阿德對於自己前十名價值觀的詮釋如下：

排序	價值觀	自我定義與詮釋
第一名	家庭	重視家人的需求，花時間陪伴家人——阿德認為與家人相處的回憶，才是最難能可貴。
第二名	責任	阿德父母較為傳統，從小就灌輸他要腳踏實地，這也是他長期奉行的座右銘。
第三名	誠信	說到做到，不承諾自己能力範圍以外的事情——此點同樣是受到阿德原生家庭教育的影響。
第四名	影響他人	阿德從小就很崇拜能在台上的人（老師、長官），他亦希望自己的言行能對周遭人帶來正向影響。
第五名	安全感	阿德認為所謂的安全感，是自己應該要給別人的印象，而他認為這個印象就是「誠懇可靠」。
第六名	有意義的工作	阿德之所以能在公司任職這麼久，是因為認同公司理念與企業文化，他認為自己的工作能對社會有貢獻，生產有品質的產品給用戶，讓用戶在使用過程中感受到幸福與快樂。

第七名	成就	阿德認為工作不只需要物質報酬，工作本身的成就感亦十分重要。
第八名	有效率	因為阿德一直任職於製造業，品質、交期與良率的概念早已深植心中，有效率才能贏得更多機會。
第九名	權力	身為中階主管，阿德認為權力是一種資源，更是責任的展現，也是幫助自己學習與進步的機會。他當上主管後，才發現領導管理的重要性。
第十名	被認同	阿德小時候較害羞，不懂得表現自己的優勢，所以成長過程中很希望能得到他人認同。

二、回顧你的生活，前三個重要的價值觀如何影響你的行為

阿德的前三個價值觀分別是家庭、責任與誠信，從他的談話中發現，父母的教育帶給他很大的影響，而他覺得自己的個性和觀念與父親很像，小時候最崇拜的也是爸爸。之所以能受到公司器重，他認為家庭教育帶來的人格影響很大。

阿德相信天公疼好人，腳踏實地總會有出頭天。

三、如果要體現前三個重要價值觀，你需要做出什麼改變？

阿德回應這個問題時，其實對於困擾的職涯選擇已有較清晰的方向。雖然公司的晉升機會十分難得，但他更在乎的是陪伴在家人身邊，深怕父母若發生意外而自己未能陪伴協助，那將會是一輩子無法釋懷的遺憾。雖然請調回國內任職的福利與待遇肯定不若晉升的機會，但目前的待遇不至於讓生活品質受到太大影響。

當阿德意識到「家庭」是自己最重視的價值觀後，內心變得很踏實，更知道應該如何抉擇。

將價值觀與工作經驗連結

價值觀對個人的影響甚鉅，特別在職場工作更是如此。依照我從事職涯諮詢顧問多年的經驗，大多數求職者在考量一份工作時，較多會思考福利待遇、組織規模、未來升遷機會、能力勝任程度與學習成長空間等外在因素，鮮少有人會將自己的價值觀納入考量。殊不知一份工作能否做得長久，關鍵還是與價值觀有密切關係。

如果只憑外在因素來抉擇工作機會，而沒考慮到內在價值觀對工作的影響，這樣的評估考量算不上周全詳盡。我年輕時就曾犯過這樣的錯誤，以前選擇工作機會時，會一一比較各家公司的條件，然後從中挑選出我認為條件最好的公司去任職，遺憾的是，我待不到三個月就離職。事隔多年我才發現，這份工作的外在條件雖然符合我的期待，卻未能滿足我在工作中重視的內在價值觀——「成就」、「挑戰」與「成長」，當內在價值觀沒有被滿足時，工作就不容易獲得滿足感。

「價值觀工作連結表」是我多年來一直實踐與運用的職涯輔導工具，概念出自於加拿大暢銷作家麥可・J・羅西爾（Michael J. Losier）所著的《五圖表領悟你的真需求：100%實現吸引力法則必須學會的事》（*Fulfillment Needs: How to Uncover What Fulfills You So You Can Live Your Life's Purpose*），我將其改良成更適合國人操作的版本，落實應用至今（參表5.2）。

有關價值觀工作連結表的使用，說明如下：

一、先從下方工作中不喜歡的部分開始填寫會比較容易。請依照自己過去的工作經驗，列出工作中最不喜歡的三件事。

二、從工作中不喜歡的三件事當中，思考它們與自己重視的哪些價值觀有關聯，再一一填寫進去。

三、請依照過去的工作經驗，列出自己工作中最喜歡的三件事。

表 5.2 價值觀工作連結表

對於工作，我最喜歡的是……	
依照過去的工作經驗，列出自己在工作中最喜歡的三件事	因為這件事，能滿足我以下重視的價值觀
C →	D

對於工作，我最不喜歡的是……	
依照過去的工作經驗，列出自己在工作中最不喜歡的三件事	因為這件事，無法滿足我以下重視的價值觀
A →	B

四、根據工作中最喜歡的三件事，思考它們與自己重視的哪些價值觀有關聯，再一一填寫進去。

五、完成表格後，請找出哪些價值觀的出現頻率最高。因為這些價值觀和你的工作息息相關，往後就能將它們搭配外在條件來綜合判斷，讓自己更清楚工作中所重視的價值觀。

在這個階段，我透過價值觀工作連結表，來幫助阿德將自己重視的價值觀與工作做更深層的連結，成果請參表5.3。

當阿德完成這張表，並檢視哪些價值觀重複出現，從中找到與工

表 5.3 阿德的價值觀工作連結表

對於工作，我最喜歡的是……	
依照過去的工作經驗，列出自己在工作中最喜歡的三件事	因為這件事，能滿足我以下重視的價值觀
為客戶解決問題，讓他們不再煩惱，並且信賴我。	**有意義的工作、影響他人、誠信**
指導部屬成長，讓他們能獨當一面，甚至比我更強。	**影響他人、分享**
工作上大部分事情都能自己作主，不用徵求其他人的想法。	**被認同**
對於工作，我最不喜歡的是……	
依照過去工作經驗，列出自己在工作中最不喜歡的三件事	因為這件事，無法滿足我以下重視的價值觀
遇到有人會將責任推三阻四或說話不算話。	**誠信、有效率**
在工作崗位看不到未來的發展性。	**有意義的工作**
老闆習慣略過單位主管，直接對我的部屬下指令。	**被認同、權力、安全感**

作有關的價值觀，可以發現他在工作中較重視的價值觀為：有意義的工作、影響他人、誠信、被認同。

而阿德發現自己在工作中重視的價值觀後，往後若有其他工作機會，就能將這四項價值觀與外在物質條件做更全面的判斷與分析。

善用價值觀的力量，
創造自己想要的未來。

第二部

找優勢

找到獨特利基與發展機會

- 新世代職場致勝策略：打造你的名響利
- 善用組合法，找出獨特競爭力
- 從興趣出發，八維度思維創造新可能
- 找到具體可行的創業切入點

第6章

新世代職場致勝策略：打造你的名響利

本章一開始，要談談在新世代職場生存的關鍵思維步驟，不管未來是否留在公司體系工作，或成為創業者，這個概念對任何人都適用！運用這個關鍵思維步驟，你可以開始做生意，當一名在職創業的小老闆，或成為能夠接案過活的自雇者。

這個思維步驟用三個字來代表，分別是：

名——強化知名度

響——擴大影響力

利——獲利模組化

如果你有心打造屬於自己的「個人品牌」，卻又不知道該如何起步，「名響利」就是一個很具體的實踐思維，因為其背後的真正意義就是「認識你，相信你，委託你」的過程。所謂的「名」是讓人們知道你是誰，可以解決什麼問題；所謂的「響」是持續耕耘在這個領域，累積你的資源與能量；所謂的「利」就是讓生意發生，讓前兩個階段的積累成為實質的收益。

名——強化知名度

不管你想要發展什麼領域，第一步就是增加專業的能見度，讓大家知道「你是該領域的行家」！

由於工作關係，我有很多人脈涵蓋各領域的專家達人，在與他們互動的過程中不難發現，其實大家在各自的專業領域都很有實力，但每當談到「為自己增加能見度」的話題，很多人的表情居然是：「什麼?!」

對創業者／自雇者來說，不論產品有多硬、有多強，沒人知道等於白搭。所以除了把自己的產品打磨到精緻，最需要的就是解決「如何行銷」的問題。

同樣的道理，通常大多數自雇者的專業本身就是一項產品，我發現有很多人會投入時間持續精進自己的專業，但缺乏商業思維，沒有好好思考如何讓自己的專業被更多人看見。少了這一層思考，再強的專業終究只能孤芳自賞。

酒香不怕巷子深？真相是，在自媒體充斥的時代，巷子深到你無法想像！因此，在擴張自己的能見度之前，首先要決定自身的定位。過程中一定會有很多人給你意見和批評，但關鍵在於你決定要「成為什麼樣的專業者」、「呈現什麼專業形象給潛在用戶」、「做什麼最能讓你堅持下去」。一旦決定，不用想太多，做就對了！

此外，很多人以為許多大師的成功之路可以複製到自己身上，其實就算專業領域相同，如果你沒有真正找到自己的特色和差異化價值，一樣會沉淪在茫茫人海中。而要做到這點，得靠自己「且戰且走摸索而來」。所以，關鍵還是你真真正正上路了嗎？

曾有一些朋友說未來想成為專業講師，但好幾年過去了，只見他們不斷在學習、不斷去聽大師的課，如果問他們的講師發展得如何，答案多半是：「我還沒準備好……」然而真相是，等到哪天準備好，你會發現市場已經是別人的了。

去學習、去聽課是好事，但那叫做「輸入」，要經營個人品牌，更應該花多一點時間去做「產出」。不管你的領域為何，專業產出的本身就是個很好的行銷，尤其在網路世界，凡走過真的會留下足跡。所以你該思考的重點是，有沒有為自己在網路世界留下「專業足跡」？當你的足跡愈多，你被搜尋到的機率自然大增。而網路上的潛在客戶搜尋時，就是靠這些專業產出來判斷「你是什麼人」、「有沒有能力解決我的問題」。有產出的人，其能見度自然高過沒有產出的人，這就是日積月累、滴水穿石的恐怖成果。**求職者找工作需要履歷表，自雇者的履歷就是專業產出！**

在現今的競爭環境中，無論是別人賣你（通路）還是自己賣自己（直營），抑或雙管齊下，在下定決心成為創業者／自雇者之前，請務必好好思考「怎麼做行銷」，如果目前仍在職，就從現在開始累積自己的知名度。

儘管你選擇與通路合作，想透過通路行銷提高自身知名度，但如果你和對方既無鐵打的交情，又無法證明自己的票房和實力，如何要求通路把他們的商譽和客戶押在你身上？與通路合作是長期的夥伴關係，雙方合作久了，合作情誼才是讓彼此走得長久的關鍵。所以，靠自己增加知名度，就從要求專業產出開始做起，你和通路合作才會開啟好的循環，對方要推廣以及賣你的專業也較容易。

若為自營，假設有錢有資源，可以找團隊來銷售你，但如果沒錢沒資源，而且已經脫離公司的保護，務必用自己的雙手親自實做一次。唯有親身體驗過每個環節，你才有「發包」的能力，因為別人要想蒙騙你也不容易，也才能確保「品質無虞」。

重點是不要空等，不要只想依賴別人幫你完成。強化知名度是長期工程，是建立個人品牌及信譽的過程，所以紀律格外重要。一旦做了這個選擇，走上這條路就必須相信，堅持日積月累，相信滴水穿石。

響——擴大影響力

在這個階段，我會從思維、心態和做法分別談起。思維要先「明確」，心態要「健康」（請注意，我用「健康」這個字眼），做法才能真正「產生效益」！

為什麼是這樣的順序？因為每個人都有所謂的舒適圈，坦白說，創業在本質上是違反人性的，所以我與創業者及自雇者分享個人經驗時，都會提到「最大的敵人永遠是自己」。首先，沒有明確的經營方向，跟亂槍打鳥無異。再者，沒管好你的心情起伏，擁有再好的做法也無濟於事。

關於思維，有四個重要觀點：

思維一：你對哪個族群感興趣？

這個問題的背後其實就是你必須仔細思考，你想要對哪一群人發揮「影響力」？若你是自雇者，要想脫離公司體系獨自生存，就必須先搞清楚：

Q1：需要你的人都在哪裡？

Q2：付你錢的人都在哪裡？

Q3：你該如何有效地接觸到他們？

在很多情況下，Q1的答案會和Q2一致，但不是每次都如此。Q1是找出誰是你的「用戶」，Q2是找出誰是你的「顧客」，這兩者有何差異？舉個例子，補習班的「用戶」是學生，而真正付錢的「顧客」是家長。

你的「用戶」和「顧客」可能是同一個族群，也可能不是，那麼你該如何與他們產生連結？他們會定期參與的社群和場合是什麼？你能否盤點出來並實際安排參與？

若你有機會參與這個族群所在的社群或活動，剛開始時最好拋開功利心，單純地對他們感興趣，優先了解他們的需求和思考模式；很多人最常犯的錯誤，就是急著在剛認識時就想賺人家的錢！

這部分的心態面會在後面有更多描述與探討。

思維二：你希望給別人的印象？

看到這個問題，你會如何回答？

你必須有一個答案，因為這是你該設定的目標。你當然可以從與你熟悉的人開始調查。既然他們會選擇與你繼續來往，代表你這個人身上一定有些「什麼」，而你必須找出這個「什麼」。

當從朋友那裡問出的「現狀」與你預設的「目標」兩者呈現在你面前時，你應該就知道如何調整自己給人的印象。**確認好自己帶給別人的形象之後，千萬不要忘記「呈現出來」**。

我認識一些自雇者一直希望帶給別人專業感，讓別人感覺他是個專家達人，但當潛在顧客來到他個人的ＦＢ頁面，卻看不到任何與他專業有關的內容，又如何能相信他的專業感？或許有人會認為，ＦＢ屬於私領域，放上自己高興的事物又何妨？重點不是你怎麼看自己，而是別人會透過什麼管道看到你？你未必要在ＦＢ展現個人專業形象（因為有人就是不喜歡），但好歹別人搜尋你的名字（或品牌關鍵字）時，你有個地方能夠「呈現出來」，不管是網站或粉絲團都行。

思維三：不要企圖討好所有人

這是很多人剛開始創業時都會犯下的錯誤，但我要提醒一句一位老前輩給我的教誨：**當你企圖掌握所有，你終將失去一切**。

個人品牌經營有個關鍵要素叫做「個性化」。當一個人帶給他人的形象不夠鮮明，經營個人品牌的路上就很容易事倍功半，所以你必須讓對方很清楚知道「你是誰」，以及「和我的關聯」。講白了，所有的行銷都在強調一個重點：你不可能掌握所有市場，只能集中心力在某些人身上。

然而當一個人的優點過於突出，其缺點勢必也很明顯。所以不需要讓所有人都對你滿意，而是堅持在想要的方向上扎根，人們會因為你的持續堅持與方向明確而選擇相信你，而「信任」更是影響力的核心關鍵！

思維四：對「同行」的新詮釋

在你既有的印象中，「同行」帶給你的感覺如何？

不管你原有的印象是什麼，但在創業者／自雇者的世界裡，這就是一種「競合」關係。雖然彼此間免不了競爭，但愈來愈多的情況是互相合作，把餅一起做大。尤其當你脫離公司體制、成為創業者／自雇者，在初期你可能想不到，同行介紹給你的案子，搞不好會比你想像中的還要多！

奇怪嗎？其實一點也不。

我做不完的案子，與其讓案子跑到別人手裡，為何不給認識的人做，讓雙方都有錢賺？有個案子規模很大，自己一人做不來，能不能找新的合作夥伴幫忙，讓彼此既能賺到錢，也培養合作默契，以便未來接更大的案子？以上的描述都曾真實發生在我身上，我也因此受益很多。

我認為所謂的同行，指的不只是在同個行業，如果願意轉換心態，難道不能一起在這條路上同行嗎？很多時候，我跟同業的前輩交流，得到的收穫更多，所以我很喜歡跟同業認識與交流，因為不僅可以一起成長，更可以一起「做些什麼」！

在過程中，請務必用開放、真誠的心態去認識別人，丟掉功利得失，對他人持續保持興趣，否則別人一定會覺得「哪裡怪怪的」。

例如我曾在一個商業聚會接觸到一位仁兄，我們互換名片後，對方敷衍了幾句話便轉去認識別人。後來他看到我與主辦人及好幾位業界資深人士像熟人般的互動後，他又跑到我面前，用完全不同的神態熱情攀談，不禁讓我產生一種很奇怪的感覺，認為他想認識的或許不是我這個人，而是我可能為他帶來的好處。

但我很感謝他，讓我思考到過去的自己是否也曾犯過類似的錯誤？是否也曾帶給別人不舒服的感受？同樣的，我也時時提醒自己是否保持前後如一？我在網路上的言論與現實生活中的言行是否有落差？如果有，我該如何調整自己「保持如一」？我有多重視說出去的話，以及實現對他人的承諾？

誠以待人，別人終將以誠待之。堅持誠以待人的路上一定會遭遇挫折與背欺，但好處會如滾雪球般愈來愈強大，人們因此願意相信你。同樣的道理，你不會想親近一個你無法了解性格的人，因為性格的不確定性會帶來風險，熟悉才會帶來安全感。

信任的建立並非一朝一夕；信任的崩壞總在一瞬間！要記得，在愈來愈進步的社會，「有程度不如有溫度」。一個人要有程度，靠努力就可以達到，但未必讓人想親近；做一個有溫度的人，人們才會願意跟你打交道！

最後是「做法」，有三個要領：

做法一：選定你的立足之地

講白了，要想發揮影響力，得先搞清楚自己的地盤在哪裡。

結合之前提到的「名」的思維，確認好感興趣的目標族群，接著你可能會選擇投入一個團體，時間一久成為這個團體的幹部，認識的人脈愈來愈廣，你就可以得到更多機會與資源。但是這一切，都得從你願意走進目標族群開始。

選定你的立足之地，也可以開始經營一個社群（實體或虛擬），由你制訂遊戲規則，募集對這個社群有幫助的人，持續照顧支持你的人。久而久之，當社群逐漸壯大，你就擁有一定程度的話語權。

當一個社群的人數多了，透過商業模式變現就更容易。但社群的養成絕非易事。我開始經營自己的社群時，有位前輩跟我分享了一個關鍵心得，那就是：不要想得太複雜，傻傻地去做就對了！

直到現在我才明白，「傻傻地去做」是最困難的部分，無論選擇的立足之地為何，堅持才會滴水穿石。太毅國際顧問集團暨書粉聯盟讀書社群創辦人林揚程老師，曾在社群讀書引導術課程時說過一句話：「一個初心，一塊地，來不來人，都念經。」這句話對我的影響甚深，很多時候，拚的不見得是誰比較強，更多時候是誰能堅持得夠久！

做法二：不賺錢也能賺別的

當你開始累積自己的知名度，扎實地擴展在該領域的影響力，自然就會發現有很多合作機會慢慢找上門，但是在剛開始的時候，這些機會未必能和賺錢畫上等號。尤其剛離開公司的自雇者有時會遇到一些合作機會，這些機會一開始或許賺不到錢，因為你此刻的事業還沒有變現價值。但是賺不到錢，不代表你不能賺別的。

以我從事的講師工作為例，剛上台講課的那年，有些偏遠甚至沒有講師費的場子，只要我力所能及，都照去不誤，因為就算沒有賺到講師費，卻可以賺到授課資歷。甚至我在準備課程的過程中，還能賺到很多實戰經驗。同時有人幫我找好學員坐在台下，讓我透過授課來精進自己，有何不好？

創業者／自雇者永遠都要靠實戰才能變強大！如果一開始就卡在價格，而讓自己沒有更多的實戰實績，你的速度就會比別人慢很多！唯有做出實績，價值才會愈滾愈大。當你接的案子愈來愈多時，對市場的認知就會愈來愈清晰，同時也會更清楚自己的市場行情。

因此，**做生意不要「快」和「易」，而是「穩」和「久」**！你要趕緊去接觸市場，培養出第一批顧客，你就會知道自己對哪些案子特別拿手、哪些案子不接也罷，然後慢慢塑造出個人價值，為自己創造差異定位，累積未來賺大錢的實力。

做法三：成為他人的人脈節點

簡單來說，這個做法就是「不要吝嗇成就他人」。特別是經營個人品牌的自雇者，某種程度為自己廣結善緣，其實就是在幫自己。

我經常遇到一些案子和機會，我很願意幫忙轉介給供需兩端，因為有些案子我無法做，與其藏在自己身上，讓它失去商業價值，不如把球做給信得過的朋友。你會發現，跟你同行的人愈來愈多，而這就是影響力！

事實上，做球給別人是一種「習慣」。當你習慣將機會與資源分享給需要的人，日積月累後，大家就會知道你不是個吝嗇的人，也會更願意和你合作。

而做球給別人，其實需要經常為他人思考「我能為你做什麼？」。當你累積到一定程度的能量時，同時一些同行好友經常做伙，更可以思考「我們來一起做什麼？」。我們常聽說「這是一個打群架的時代」，可是要打群架，就得有班底，當你持續強化自己的知名度，並且有意識地擴大影響力，你會發現組隊的機會增加了！

利——獲利模組化

當你對於自己能提供的商品和服務有明確規畫時，你必須進到下一個思考範疇，即如何將商品和服務變成可確實獲利的標準模組化商品。

首先，你要深入思考兩點：

- 你真正提供給別人的價值是什麼？
- 你能幫別人解決的問題是什麼？

舉例來說，假如你在賣鑽孔機，會跟你發生交易的客戶需要的其實不是一台冰冷的機器，他們真正需要的是「透過機器來解決他在意的問題」。從這個角度來看，你的客戶可能因為「某種原因」而需要一個「洞」，當你發現客戶的需求，你可以如何提供價值給他？

一、**你可以賣機器給他**：這是最簡單易懂的模式，所以價值的很多層面都會反應在「商品品質」和「用戶情境」，不過會遇到的障礙是「價格」，因為客戶在決定購買機器之前，一定會評估自己的使用頻率有多高？如果頻率不高，跟朋友借用是否就能夠解決問題？

二、**你可以出租機器給他**：正所謂「喝牛奶未必要自己買頭牛」，客戶需要時，透過出租機器給他，而他只要「按需求付款」即可。所以，商品需要藉由拚「週轉率」去獲利，整個流程是否讓客戶感覺「便利」，商品教學和品質維護在這個模式就變得格外重要。

三、**你可以賣服務給他**：客戶可能有鑽洞需求，但使用頻率不高，購買一台機器實在不划算，也懶得租機器來自行處理問題，這時你就可以考慮賣服務給他。這種模式的好處是，客戶可以將問題直接丟給「專業」處理，意謂著問題層次的評估以及最適方案的選擇，都可以請「專業」來提供解決方案。

圖 6.1 「利」的核心思考點

從以上的案例不難發現，要幫客戶解決問題，其實有很多種方式可運用，關鍵在於：

- 你真的掌握到客戶的真正需求嗎？
- 你解決客戶的問題是什麼？
- 該用什麼方式來呈現價值給客戶？
- 對你而言是有利的嗎？

所以，請先花時間了解「你真正的客戶是誰」，以及「客戶最迫切想要解決的問題」。有了以上的基本認知，接下來探討有關「利」的核心思考點（參圖6.1）：

思考點一：定義價值

第一個思維要幫大家建立的，就是「選擇適合自己戰場的邏輯」，包括「多勝」、「獨特」、「組合」三種方向。

● **多勝**：從字面來看，即你在哪些領域中和別人相比，成果能夠「勝多敗少」。我幫創業團隊進行輔導時，都會灌輸一個重要思維——「藍徹斯特法則」（Lanchester's Law）[1]。簡言之，如果今天你是單兵作戰，但你武功高強，可以像葉問一樣以一打十，然而當你面對的是一百人的競爭對手部隊，正面對決肯定找死，比較聰明的策略是在你最有利的戰場上，創造你和競爭對手一對一單挑的機會！

在商場上，找出你的利基市場，避開其他競爭對手（例如資深前輩、大企業）擅長的市場，為自己貼一個客戶容易辨識的標籤，讓客戶「想到什麼需求就會想到你」。

你在什麼領域能夠多勝？戰場在剛開始就要定義好，不要貿然殺入市場後才發現自己血本無歸！

● **獨特**：即在這個領域中，什麼優勢是你目前所擁有，而你的競爭對手所沒有的？

---

❶「藍徹斯特法則」為英國汽車工程師弗雷德里克・藍徹斯特（Frederick Lanchester）於一九一四年提出，原為軍事戰略，後來延伸至行銷戰略，沿用至今。

我的朋友莊士勇顧問目前是千督管理顧問執行長，他從二〇〇八年開始專門教授專案管理課程，也承接知名大學博士班的專案管理實務課程，與一般同領域的講師相比，他不只能教實體課程，也很早就開始布局線上課程，針對函授專案管理認證課程。由於他有豐富的企業專案管理實務經驗，當他想要跨足企業培訓市場，過去已錄製的完整線上課程就變成自己的獨特優勢，提供企業線上和線下的專案管理混合學習體驗，創造出自己和其他同領域講師的差異化。

● **組合**：當我們從自身優勢去尋找「多勝」和「獨特」時，坦白說，並沒有這麼容易。這時候建議從個人經歷盤點開始，思考自己過去在職場上累積了哪些專業能力。以我的經歷來說，過去的經歷幫助我累積行銷業務、營運管理與人力資源發展三種專業領域，這時我可以從這三個領域去搭配組合，找出適合自己的戰場。

思考點二：積累價值

這部分要說明的就是「讓目標客戶對你產生信任感」。要想建立信任感，每次產出時都得要求自己盡量做到「定量」、「有感」、「易見」三個標準。

● **定量**：在「名」這個階段，我很強調「產出」的重要性，但只有產出是不夠的，更精準地說，是要「定時定量的產出」。從經營自媒體的角度來看，當你能在固定時間有固定品質的產出，而且持續一段時間，就比較容易讓目標客戶對你產生信任感。

從人性的角度來看，定時定量的產出其實是件非常困難的事，因為紀律與習慣的養成向來最難。剛開始很閒（案子少）的時候或許能做到定時定量，一旦量大（案子多）時，有辦法保證自己能堅持下去嗎？

例如，我固定每週一在FB分享「職涯小語」，內容控制在五十字左右，方便人們在一分鐘內讀完。由於內容精簡，比寫一篇文章還要輕鬆，我很容易就能堅持下去。從二〇一七年九月持續至今，從剛開始乏人問津到有人願意按讚、留言和分享，甚至私下傳訊對我的內容表示肯定，還因此獲得一些案子的合作。

但要提醒的是，千萬不要在網路上貿然宣誓「我即將要做〇〇〇，請拭目以待」，萬一沒做到，你可能就失去目標客戶對你的信任，之後想要挽回得花費更多心力。

我的建議是，要做就去做，不需要額外預告，說再多不如實際去做。而信任是商場上最重要的個人資產，無論實體或網路都一樣。

● **有感與易見**：請捫心自問以下兩個問題：

（一）你的產出能讓目標客戶有感覺嗎？還是自己高興而已？

（二）你的產出如何能讓目標客戶看到，甚至還能搜尋到？

要做到有感和易見，你可能要花時間去學習很多技巧，例如社群工具應用及行銷、SEO搜尋引擎優化（Search Engine Optimization）、文案撰寫技巧、影音製作技巧、攝影或圖片素材製作……等等。在移動網路及自媒體盛行的時代，如果你到現在還認為上述這些內容事不關己，我相信你很容易會失去很多寶貴機會。

思考點三：價值變現

第三點的思維就是「讓時間產值的變現效率更佳，從而做到商品標準模組化」。身為自雇者和專業服務提供者（律師、會計師……），收入來源大致拆解成「時數」與「單價」這兩個因素，如果你是販售實體商品，請將「時數」改成「件數」，兩者邏輯是相通的。

在「時數」與「單價」這兩個因素之下，如果要提升收入，該從哪個因素開始著手與強化？答案是：初期先把時數／件數衝高，因為量變會帶來質變。

這個道理非常淺顯易懂，我們在做任何事情都符合「量變會帶來質變」的原理，同樣的，當練習次數愈多，你在這領域自然能成為「專家」。以自雇者來說，剛開始的案子並不多，所以階段性目標是「先求有，再求好」；當經驗值愈來愈豐富，你的品質自然愈來愈好；一旦品質提高，單價就順理成章往上提升。倘若剛開始的單價就設定得很高，本身又沒有相對應的知名度，你要如何說服目標客戶掏錢給你？

以上所言屬於「適合大多數人發展個人事業」的順序，但如果堅持剛開始就維持高價，是否代表一定會失敗？答案是未必，只是遇到的挑戰和阻礙會較多。

接著談談時間變現的四種策略：

- **零售時間**：這是自雇者／專業服務提供者最常發展的型態。透過與案主約定好以時數或件數計價的服務型態，很多自雇者初期會將自己空白的時間排滿，盡量多接案子來賺取收入。無論你提供的服務是什麼，零售時間這種型態若想走得長遠，關鍵在於是否持續維持「高品質」和「客戶口碑」，將每一次提供的服務都當成是自我行銷的機會，讓客戶能享受到優質的服務體驗，進一步創造客戶的「再購」與「推薦」，讓自己愈走愈順利。

- **批發時間**：零售是單點的概念，批發則比較像是「點串成線」的概念，套用在時間價值變現這個思維，兩者最大的差異就是零售時間是個短暫時間的概念，你可能接到一個案子，但完成之後又必須另外去找下一個案子；批發時間則是一個長期時間的概念，可以確保你在這段時間內有穩定的金流支撐你繼續走下去。

舉例來說，講課是個零售時間的概念，在講完眼下這堂課程、服務完約定好的時數，就賺多少時數的收入，但下一個課程又是一個全新開始，有時甚至煩惱下一堂課程在哪裡。而做顧問專案就是一個批發時間的概念，一個顧問專案可能耗時半年或一年，但可以確保的是，在專案期間的金流壓力相對較小。

若有機會，建議從零售時間開始，並試著挑戰批發時間，因為零售時間和批發時間可以並行。

● **複製時間：**你在這個時間點的產出只能用一次嗎？能否在後面反覆應用甚至幫你成功套現？以作家為例，他花了時間完成一本著作並出版販售，即便人在國外，他寫的書也能在國內繼續幫他賺取收入。

同樣的邏輯放在科技愈來愈進步的此刻，複製時間變得有更多可能性，特別是知識性商品，倘若你以往只能在實體進行服務，現在不妨思考是否能將相同的內容放在網路上。這麼做可以為你和客戶帶來雙贏，不僅降低商品價格，讓客戶數實現飛越式的成長，也能為自己帶來更多收入。

●**投資時間：**走到「投資時間」這個階段，你的事業應該已經具有相當規模，此時若還只是靠自己的時間賺錢，你的事業發展勢必受到侷限。所以透過投資他人時間，來為自己創造價值，這就是老闆的思維——從一個人的事業走到一個團隊的事業，你會從「善用自己時間來創造價值」，到「找到對的合作夥伴來創造價值」。走到這個地步，你要仔細思考以下問題：

（一）哪些事情非我不可？

（二）哪些事情可以委由他人執行？

（三）什麼樣的合作方式會讓事情比較順利？

（四）設計什麼樣的流程，讓我和合作夥伴都能接受？

只要認真找到答案，你就會從一個人的事業變成一個可複製的商業系統。

以上所述是我過去實務經驗的彙整，而「名響利」思維是我多年來的實踐與個人經驗的總結，中間還包含很多資深前輩的回饋與建議。只要你掌握「名響利」的真正精髓，不管時代、環境和工具怎麼改變，都能為自己開拓一條新道路。

透過「名響利」策略，
為自己創造更有價值和意義的人生。

第7章 善用組合法，找出獨特競爭力

「我的優勢為何？」「如何找到自己的優勢？」這是前來諮詢的人經常問我的問題，你是否也有同樣的困擾？

找到優勢的三個徵兆

這個問題不只年輕人會煩惱，有時連資深工作者也不見得能輕易回答。我認為，要想找到自己的優勢，就必須覺察以下三個徵兆，因為這些徵兆都是幫助我們找到優勢的指標，分別是「最有把握」、「最有效率」、「最有熱情」。

徵兆一：最有把握

想想看以下兩個問題：

（一）別人有什麼樣的問題會第一個想到你？

（二）別人有什麼樣的問題會想指名推薦你？

要觀察「最有把握」這個徵兆，透過周遭人的反饋其實可以輕易取得。不過我也發現，很多人並不把自己「最有把握」的項目放在心上，有些人甚至感到厭惡。為何會如此？因為「最有把握」不見得是你所喜愛的。舉例來說，有人會抱怨老闆總把某一特定類型的燙手山芋丟給他處理，反過來思考，萬一這個燙手山芋其實是因為老闆不放心其他人來處理，而只放心交給你呢？

換個角度想，你經常處理的棘手問題，有沒有可能就是別人認為你「最有把握」的項目呢？

徵兆二：最有效率

想想看以下三個問題：

（一）有什麼事情是你做得比別人快？

（二）有什麼事情是你做得比別人好？

（三）有什麼事情是你輕而易舉就上手的？

「最有效率」這個徵兆其實很好發現。同一件事情，你總是有辦法做得比別人又快又好，透過同事或上司的評價回饋，通常能感受到「最有效率」這個徵兆。

但是我要請你留意的是，有什麼事情是你輕而易舉就上手的？其實這個問題談的就是天賦，「輕而易舉」這四個字是關鍵所在。因為你花在學習的時間比別人少，這就是你的優勢。就像武俠小說裡總會有一些厲害的練武奇才，別人要學三個月才會的武功，奇才三天內就能將此武功練到上乘。比如說金庸小說裡的黃蓉與郭靖，黃蓉絕頂聰明，武功一學就會，沒多久就能實際應用，而郭靖天資有限，往往要練習數十次才能勉強學全。

但是有天賦不代表一定會成功，就像郭靖雖然天資不佳，他憑藉刻苦努力，加上人緣與運氣，最終成為絕頂高手，其武功甚至凌駕黃蓉之上。

徵兆三：最有熱情

想想看以下兩個問題：

（一）有什麼事情會讓你投入到忘記時間？

（二）有什麼事情即便你沒拿錢也會想做？

「最有熱情」這個徵兆比較難察覺，只能靠自己體悟。

以我為例，從小我就發現自己對「人」很感興趣。小學二年級無意間接觸到手相學的書籍，翻沒幾頁就喜歡得不得了，後來把媽媽給的早餐錢省下來，跑去書店買了五、六本手相學書籍回來研究，還因為想找人練習，當時全班同學的手都讓我摸了一輪，成為了我研究命理學的第一批實驗者。隨著年紀增長，我喜歡研究的領域愈來愈多，包含面相學、星座、血型、紫微斗數、姓名學、易經、達摩一掌經、生命靈數、人類圖等，雖然是業餘興趣，但連同學都說我算得頗準，還問我未來是否要踏入此行。

進到職場後，出於對「人」的本質有濃厚興趣，我又一頭埋入人格特質評鑑工具領域，體驗過二十多種評測工具，還主動拿了四種評測工具的國際認證。

如果你問我什麼時候才發現自己有這份熱情，老實說是在我進入職場後，有一次買了一本厚達五百多頁有關人類圖的書，回到家興致勃勃地研究，徹夜沒睡卻依然精神奕奕，我才赫然發現，原來這就是我「最有熱情」的事，回顧小時候的種種經驗，更加確定我的判斷。**當你對一件事情愈做愈感到精神奕奕，別人則愈做愈疲憊，不要懷疑，這就是你的優勢！**

除了徵兆，還有一個與優勢息息相關的重要觀念，那就是「熟練度」。我非常希望第一次創業時就有人分享這個重要觀念，這樣或許能讓我少走許多冤枉路。一個人的優勢或多或少與熟練度有直接關聯，當你對某個領域十分熟稔並確實投入時間，通常該領域有很大機率會成為你的優勢領域。

舉例來說，第一次玩麻將的人和玩過一百次麻將的人，通常誰的獲勝機率高？第一次創業的人和創業過三次的人，通常誰的成功機率較高？第一天上班的菜鳥和已任職五年的老鳥，通常誰的績效較好？

請注意，這三個問題都有「通常」兩個字，所以按照正常邏輯來判斷（排除運氣、背景和天分等因素），答案應該是誰的練習次數愈多，該領域的熟練度就愈高，表現就會比較好。**無論在哪個產業或領域，只有最熟悉規則要領和環境，才能幫我們創造卓越的成果。**

找到優勢的步驟與方法

了解優勢的三個徵兆以及熟練度對優勢的影響後，我們該如何有系統、有步驟地找到自己的優勢呢？包括三大步驟與方法：

一、透過探索提問找到自我的優勢

「自我提問探索」一直是我最推薦的方法，不僅直接，而且不需其他道具，只要找到能夠安靜思考的空間，就可以對自己進行探索提問。有很多傑出的成功人士都非常擅長此道，養成自我提問與自省的能力，看待事物就能更加清晰客觀。而自我探索提問也是世上最多自我成長書籍會談到的方法，透過自問自答的方式，誠實面對自己以直球對決，就可以找到內在最真實的想法。

由於是對自己的探索提問，所以不需要在意他人的眼光。請準備紙筆，從下列題目中挑選最有感覺的一至三道題目進行深入探索：

- 我擅長什麼事情？
- 什麼技能是我自然而學會的？

- 別人願意付錢請我做什麼事情？
- 如果我寫一本書，主題會是什麼？
- 我身上有哪些能力是我喜歡從事的？
- 我身上有哪些能力是能讓我賺最多錢的？
- 有哪些能力是我目前想要精進的？
- 有哪些技能是我雖然熟稔但很久沒用的？
- 我曾因為哪些能力而讓自己獲得升遷或認可？
- 我曾因為哪些能力能順利完成專案任務？
- 曾經幫助我得到關鍵勝利的能力有哪些？

我經常會問前來諮詢的人這些題目，千萬不要小看這些問題，它們其實是需要花點時間沉澱思考的。只要確實去深入省思，相信一定會對你有很大的收穫！

二、透過經歷盤點工作中累積的優勢

接下來要介紹我經常用來幫助人們找到優勢的表單，名為「工作經歷盤點表」（參表7.1）。其實，我認為每個人身上都擁有一座寶山，差別只在於有人懂得去挖掘，有人

表 7.1 工作經歷盤點表

任職公司	擔任職務	服務年資	工作內容	具體成績	累積能力

則放任荒蕪，而透過這個表單，可以幫助你從過往的工作經歷中，挖掘到自己累積的寶藏。

根據我實務操作的經驗，填寫「工作經歷盤點表」只需二十至三十分鐘，用電腦先拉好格式再操作也可以。這個表單的用途頗廣，可運用在以下場景：

場景一：創業找商機。找出過往經歷中的優勢，以便日後發展自己的事業。

場景二：求職寫履歷。可將表單內容回填到履歷表中，讓求職履歷表變得更詳盡具體。

場景三：面試答問題。只要填過表單內容，腦袋裡就會建立相關資訊連結，面試時介紹自己的經歷會更有結構。（我做過實驗，有填過表單的學員比沒填寫的學員在面試演練時，回應面試官的問題會較為迅速和具體，因為表單內容只要填過一次，就會烙印在腦海中。）

關於工作經歷盤點表的使用說明如下：

（一）「任職公司」、「擔任職務」、「服務年資」這三個欄位請依照自己的真實狀態填寫。

（二）「工作內容」欄位請依照實際從事的工作內容，用條列式描述。

（三）「具體成績」欄位是最多人會卡住的地方，但這張表格是給自己看的，所以哪怕是再小的成就也請用條列式填寫進去，可以的話盡量加上數字來呈現。

（四）根據「具體成績」與「工作內容」，思考自己在這份工作中累積了哪些能力，通常這些能力會是第二章提到的「可轉移技能」，請將這些能力填入「累積能力」這個欄位。

以下透過兩個範例詳細說明。

●範例一

我使用工作經歷盤點表已經超過十五年，當經歷更新時，就會同步更新這張表單，而我也運用此表單幫許多人找到自己在工作中累積的優勢。表7.2是我個人的範例，這張表單完成距今已快十年，當時我在歷經第一次創業失敗後，頓時失去前進的方向，所以用此表重新檢視自己，到底累積了多少可供下一份工作發揮的能力。

從範例中可看到，我填寫時都以條列式為主，建議你填寫時也這麼做。由於是盤點給自己看的，所以用字遣詞盡量具體簡單，因為重點是迅速盤點自己的能力，而非針對過往進行心得撰寫。

●範例二

或許你會認為，如果不是從事業務或行銷相關工作，具體成績很難量化，接著就以羅小姐的範例（參表7.3）來說明。

羅小姐是一位外籍配偶，前一份工作是人力顧問公司的行政人員，公司的主要業務為外勞仲介服務。她找我諮詢時，我協助她完成工作經歷盤點表，幫助她看到自己在工作中累積的優勢。她在填寫表格時就很擔心「具體成績」和「累積能力」這兩個欄位，我請她要鉅細靡遺地用條列式逐一列舉。

表 7.2 工作經歷盤點表範例一

任職公司	擔任職務	服務年資	工作內容	具體成績	累積能力
至柔行銷（股）	共同創辦人	1.5	● 自行創業，負責行銷策略規畫和執行 ● 爭取健康襪品牌台灣區代理相關事宜	● 取得代理權 ● 自行架設網站 ● 三次促銷活動執行 ● 開幕營業額 5 萬	● 行銷策略擬定 & 執行 ● 基礎網路行銷能力 ● 基礎財務金流控管 ● 營運與服務流程設計 ● 基礎談判協調能力
亞太教育訓練網	專案經理	3	● 業務工作：企畫提案、專案執行 ● 主管工作：招募、訓練、輔導業務同仁 ● 規畫和執行大型企業教育訓練專案 ● 公司產品線規畫 & 業務制度流程設計 ● 擔任內部講師	● 一年內升主管 ● 年度業績達成率 160%，為公司業績最高者 ● 內部教材編撰完成 ● 連續兩年公司表揚	● 企畫簡報能力 ● 訓練規畫與執行能力 ● 顧問診斷能力 ● 專案管理能力 ● 主管領導能力 ● 制度流程設計能力
佳能國際	業務專員	2	● 業務工作：陌生拜訪、銷售產品 ● 銷售企業 OA 相關辦公設備 ● 大型標案規畫與執行 ● 新人輔導 & 內部產品講師	● 陌生拜訪家數：超過 6000 家 ● 大型標案規畫與執行經驗：七次	● 業務開發能力 ● 業務銷售能力 ● 產品展示能力

表 7.3 工作經歷盤點表範例二

任職公司	擔任職務	服務年資	工作內容	具體成績	累積能力
XX人力顧問公司	行政人員	3	● 建立並持續優化內部行政作業流程 ● 文件製作、對公家機關進行線上申請、報備作業流程 ● 外勞入境後，按照法律規定期限內辦理相關文件 ● 公司內部系統資料建檔及維護資料 ● 與雇主承辦聯繫外勞相關業務 ● 外勞宿舍日常設備採購事宜 ● 協助廠商與相關政府部門接洽	● 因流程優化，公司內部文件處理時間減少 30% ● 任內完成人力系統導入專案 ● 任內完成外勞宿舍搬遷專案	● 文書處理能力 ● 溝通協調能力 ● 專案執行能力 ● 作業流程優化 ● 採購議價能力 ● 電話客服能力

接著，我針對她的工作內容逐條詢問：

（一）做這件事時，有沒有什麼特別事件，或令你印象深刻的事？

（二）做這件事時，有沒有哪些部分獲得主管、同事或客戶稱讚？

（三）做這件事時，有沒有累積出一些成果？哪怕再小的部分都分享。

在聆聽羅小姐的回應後，我發現她有三項值得記錄的具體成績：

成就一：優化內部行政流程，減少內部文件處理時間三〇％。

羅小姐表示，因為前一位行政人員很混，導致很多文件處理和業務都受到拖延。她接手後，為了讓工作能夠順利進行，便主動與各部門主管溝通，同時將自己規畫好的行政作業流程提出給主管。在取得同意後，新的行政作業流程明顯順暢許多，她也因此得到老闆與主管的肯定。

為了讓這個成就更具體化，幫助她用數字來評估，我提出這個問題：「比起之前的行政作業流程，你提出的流程在效率上有哪些明顯提升？提升多少？」

她表示主要還是內部行政處理時間的節省，比以往大約提升三〇％（之前平均三天才能走完的流程，變成兩天內處理完畢）。

成就二：任內完成人力系統導入及外勞宿舍搬遷兩個專案。

羅小姐表示，她是公司裡歷任存活最久的行政（過往平均約半年），加上個性認真負責，所以老闆信任有加。她任職的第二年，適逢公司要更換人力仲介系統，老闆便將人力系統導入專案交給她負責，不僅要擔任系統廠商的接洽窗口，還要與各部門協作完成系統導入。她說過程雖然辛苦，但學習到很多，是個有趣的經驗。

而她的另一個代表性成就，就是在任內完成外勞宿舍搬遷，雖然是最累的專案，但收穫頗豐。

三、運用乘法創造出獨特優勢與商機

雖然透過工作經歷盤點表能找到自己的優勢能力，但這項能力能否在市場發揮價值，答案是未必。以「溝通協調能力」為例，這是一項可轉移技能，但你擁有這項能力，別人難道就沒有嗎？他們會輸給你嗎？

因此，光是找到優勢能力還不夠，只要不夠獨特、不夠強大，仍無法在激烈的市場競爭中為你帶來價值。要讓你的優勢能力發揮到最大價值，就不能從「單項能力」去思考，而應將這些能力「組合」起來，產生新的應用場景及發展機會，新的商機往往存在於此，尤其組合後的獨特優勢，別人很難和你一樣，因為每個人的經歷都是獨一無二。

接下來要介紹另一個實用工具——獨特優勢組合表（參表7.4）。這個工具威力十分強大，我在講授創業相關主題工作坊時，經常會帶學員操作這張表單，運用過的學員都表示「想不到自己還有這些可以發揮的優勢」，同時很多人因此找到許多發展商機。

在前兩個步驟，你會挖掘到自己身上原來有這些優勢，而在這個步驟則要運用獨特優勢組合表，來找到專屬自己的獨特優勢與商機。

關於獨特優勢組合表的使用說明如下：

表 7.4　獨特優勢組合表

A. 強項能力	B. 專業知識	C. 熟悉產業

（一）將工作經歷盤點表中「累積能力」欄位的內容，填入「強項能力」這個欄位。

（二）將過去研習的專業知識科目填入「專業知識」欄位中，此處通常會是在學校所學的學科，或鑽研的專門技術領域。

（三）將過去從事（正職／兼職／專案約聘／打工／實習）的所有產業，填入「熟悉產業」。基本上我會建議，只要你對該產業的熟悉程度比社會上八〇％的人還高，不妨大膽填進去。舉例來說，有位學員過去是專門販售餐飲POS（Point of Sale）系統的顧問，雖然他並沒有實際在餐飲業工作過，但由於販售系統的對象都是餐飲業，所以他對這行業的了解程度遠勝過普羅大眾，這時他就可以在此欄位填入餐飲業。

（四）填完後，就是打破框架、發揮創意、大膽進行組合排列的時候。這是最關鍵的步驟，請看著表格內容，只要覺得「這樣組合起來挺有趣」、「或許可以嘗試

表 7.5 獨特優勢組合表範例

A. 強項能力	B. 專業知識	C. 熟悉產業
A1. 問題分析與解決	B1. 人力資源管理	C1. 辦公 OA 產業
A2. 團隊領導能力	B2. 市場行銷	C2. 管理顧問業
A3. 溝通影響力	B3. 創業與商務模式研究	C3. 電子商務
A4. 組織流程規畫	B4. 職涯規畫與諮商	C4. 媒體行銷
A5. 文案企畫能力	B5. 財務會計	
A6. 業務推銷能力		
A7. 部屬教導與培育		
A8. 人才培訓與發展		
A9. 專案規畫與執行		
A10. 諮商與輔導能力		

問題分析與解決 x 諮商與輔導能力 x 職涯規畫與諮商 => 職涯輔導顧問服務 ?!

專案規畫與執行 x 創業與商務模式研究 x 電子商務 => 電子商務創業商業模式與營運規畫 ?!

看看」，就放手將強項能力、專業知識與熟悉產業的內容依照你的想像「連連看」。

這個步驟最需要挑戰的就是自己的既定框架與想像力，所以我在工作坊操作時不會讓學員自己連連看，而是由同一組其他不同產業的學員幫忙發想。這麼做的目的是因為每個人都有思考盲點，也有一些自己覺得不可能的限制，但在其他產業的人眼中或許不是限制，反而是一種機會。

當別人協助完成「連連看」後，你會驚訝地發現，原來有些方向是可能嘗試看看的，而組合出來的獨特優勢，或許更是未來創業的資本。

表7.5是我在二〇一三年完成的，基於我過往的工作與學習歷程，組合出兩個獨特優勢，其中之一就是我現在當做志業的職涯顧問工作，當時組合出來的結果，讓我更有信心走向專職的職涯

輔導顧問之路。

而另外一個獨特優勢，就是我的另一個身分——創業輔導顧問。我至今輔導過的創業團隊，無論是政府派案或自己找上門的，加起來也有數十間，其實這都要歸功於我在二〇一三年收掉公司後，因緣際會又展開了三段創業旅程，其中當然有成功也有失敗案例，而在創業過程中跌過的跤、踩過的雷，都是十分寶貴的實務經驗，使我如今在輔導創業團隊時，可以更快地切入問題點，提供對應的解決方案給對方。

如今看來，我現在之所以能有信心從事這兩個工作（職涯顧問和創業顧問），除了專業與實務經驗之外，獨特優勢組合表其實居首功，因為我就是在完成這張表單後有意識地朝目標扎根精進。

善用經歷盤點與多元組合，
找到專屬自己的獨特優勢。

第8章 從興趣出發，八維度思維創造新可能

近年來，不論我從事職涯諮詢或創業輔導，總會聽到類似這樣的想法：「如果能將熱愛的事物／興趣變成可獲利的事業體，該有多好！」而我都會回答：「為何不行？」

可惜的是，許多人聽到這樣的回覆並沒有受到鼓舞，更多的情況反而開始聚焦在「為何自己不行」的人事物，像是：「想想是可以，真的要做，有太多困難……」「我這個年紀已經沒機會了……」「我沒有相關資源，現在投入也太晚了……」

聽到這些話倒也不覺得意外，因為世界上只有少數人會願意為熱愛的事情真正展開行動，並且堅持到底。所以能靠熱愛的興趣或事物維生的人，可說是麟毛鳳角。畢竟每個人遇到的問題與情境都不同，礙於現實處境而無法展開行動也是情有可原。尤其在商業環境裡，倘若單純抱持情懷去做事，沒有因應現實條件做出策略與規畫，更多時候只是失敗收場。

只不過，我們或許都忽略了一個核心關鍵：心態與視野會決定我們的思考與行動，最終得到完全不同的結果。舉個耳熟能詳的故事，兩位鞋廠業務員到非洲視察市場，一位看到沒人穿鞋，認為毫無市場可言，另一位卻認為是莫大商機而興奮不已。這就是當心態與視野不同時，哪怕面對的現實情境相同，不同的人會做出不同的判斷，付諸行動後造就出截然不同的結果。

同樣的，為何創業家總是人口結構中的少數人？就是因為創業家和一般雇員看到的不一樣！即便身處於同樣的市場，面對同樣的遊戲規則，為何有人看到希望，有人卻只能不停哀嘆？關鍵在於當現實條件的限制放在眼前，你會克服困難還是讓困難克服你？

所以，比起現實條件的限制，我更在乎你到底願意為自己真正熱愛的事物付出些什麼？奮戰到什麼程度？

對大部分的人而言，人生隨時有轉機，別忘了，哈蘭德·桑德斯（Harland David Sanders）上校在老年失業之際，仍舊在六十五歲時選擇自己熱愛的炸雞去創業，因此今天才有肯德基這等規模，世界上永遠充滿反例，重點是不要讓這世界的常識定義你，只有你才能為自己熱愛的事物拚搏，並做出成果展現於世。

接下來我將提供一套方法，共有三大步驟：

一、具體描述你熱愛的原因與感覺
二、透過八維度變現策略發想策略
三、根據現狀來擬定行動優先順序

這套方法曾獲得以前輔導過的多位職場工作者大量實證，相信有機會讓你在真實世界中「美夢成真」。

具體描述你熱愛的原因與感覺

在這個階段，我會透過提問引導請對方針對自己熱愛的事物進行反思。通常我會請對方描述這個熱愛的事物，先理解對方眼中這個熱愛事物的面貌、規則或型態，才能在提問引導的過程中，充分覺察與感受對方和這個熱愛事物的連結。

在進行初步了解後，我會視實際情況提出以下問題，幫助對方進一步思考自己與這個熱愛事物的連結和感受：

- 是什麼樣的機會讓你開始接觸這個熱愛的事物？

- 每次接觸／執行這個熱愛的事物，都會帶給自己什麼樣的物質結果？
- 每次接觸／執行這個熱愛的事物，都會帶給自己什麼樣的精神滿足？
- 在進行這個熱愛的事物時，最喜歡的是哪個環節（階段）？為什麼？
- 每次提到這個熱愛的事物，內心會有什麼樣的感覺？
- 每次看到別人接觸／執行這個熱愛的事物，有什麼樣的感覺和想法？
- 這個熱愛的事物在生命中有什麼樣的故事？對自己造成什麼影響？
- 現在仍願意投入、不願意輕易放棄這個熱愛的事物的原因為何？

曾經有位科技業主管因為遇到了事業低潮，暫時失去工作。他平時熱愛的事物是螞蟻，他說熱衷此道的人不少，而且似乎有上升趨勢（在我接觸的個案中，就有三位說過喜歡螞蟻）。

聽他描述這個熱愛的事物後，我對他有了初步認知。接著開始透過提問來引導他反思，發現他之所以會接觸飼養螞蟻，也是因為朋友介紹，想不到一試就愛上，尤其看著蟻巢或螞蟻群忙進忙出，會有一種安靜又療癒的感受。而且每當看到蟻巢裡發生變化，他也會感到興奮有趣。

後來他除了投入其中，也開始參加蟻友交流會，認識更多各行各業的朋友。這幾年除了自己變成專業玩家，也會幫忙回應新手蟻友的問題。他承認，在螞蟻這個領域得到的成就感與滿足感，比自己的工作還要多。

提問引導到一定程度後，發現他回應時頻繁出現一些關鍵字，包括療癒、紓壓、靜態、觀察、自然、改變、好奇、實驗、社會、分工、階級、合作、交流、指導、分享、成就。接著將這些關鍵字進一步分類，整個過程是經當事人自己的邏輯來做分類。透過我的引導，當事人把感覺類、行為類、名詞類的相關關鍵字各自放一起，結果如下：

感覺類：療癒、紓壓、好奇、成就

行為類：觀察、改變、實驗、分工、合作、交流、指導、分享

名詞類：靜態、自然、社會、階級

（分類沒有一定的規則，依當事人的判斷為主。）

於是，我針對這些分類後的結果幫他再深入思考，過去接觸的人事物中符合這些感覺的有哪些？符合這些行為的有哪些？包含這些名詞的有哪些？

後來這位科技主管發現，其實他曾經非常嚮往成為自然景點的導覽解說員，透過這次的引導，他終於明白為何自己之前接觸很多事物都提不起勁，唯獨螞蟻這個領域讓他

全心投入，表面看來他喜愛飼養螞蟻，內在卻是因為有一些高度認同與喜愛的元素，透過飼養螞蟻這個活動展現出來。

找出熱愛事物背後的元素，不僅可以更了解自己，還能為自己創造更多可能！以這位主管來說，他先從飼養螞蟻出發，慢慢變成教導新手蟻友，更進階到考慮自己舉辦區域性蟻友交流會，甚至想過幫忙團購專業工具來幫助蟻友們。你發現了嗎，從參與到協助他人參與，主軸已經不只在自己身上。從這個案例可以發現，很多人對於自己熱愛的事物未必都要親自參與，有時從旁協助別人參與也能得到樂趣，甚至只要是與這個熱愛的事物有關聯，也能開心不已。

透過八維度變現策略發想策略

如果要讓熱愛不已的事物變成事業，其實未必只有親自投入這個選項，至少有八個變現路徑可供選擇。這裡要介紹一個我經常使用的工具「八維度商業變現路徑表」（參表8.1），可以有效幫助他人從自己熱愛的事物發想，找出更多變成新商機的可能性。

八個變現路徑即外圍的八格，說明如下：

表 8.1　八維度商業變現路徑表

專精：成為專業服務者	供應：成為原物料供應商	知識：相關知識分享／創造
投資：投資在該領域的事業	我想做的商品或服務	周邊：商品或服務的延伸商機
媒體：成為該領域傳播媒體	協助：支援／助手相關服務	平台：仲介／經紀人

專精：成為專業服務者——針對熱愛的事物，由自己來提供服務或商品。

平台：仲介／經紀人——針對熱愛的事物，透過仲介他人來提供服務或商品。

供應：成為原物料供應商——提供在進行過程中所需要的工具、材料，成為該事物的上游廠商。

協助：支援／助手相關服務——協助他人在進行過程中，透過服務或商品讓對方創造更便利、更有效率、更美好的體驗。

知識：相關知識分享／創造——將自己在該領域的專業知識與經驗，透過載體（影音／文章／課程）指導他人獲得該領域應有的知識與技巧。

媒體：成為該領域傳播媒體——將眾人在該領域的專業知識與經驗，集結成有價值的內容，變成該領域具有影響力的媒體。

周邊：商品／服務的延伸商機——將從事該領域的活動過程產生的延伸需求，透過服務／商品來滿足他人需求。

投資：投資在該領域的事業——將資源投入在該領域的專門事業，成為投資者。

接下來，我以曾經指導過的創業者楊小姐的故事，具體說明「八維度商業變現路徑表」的使用方式。

一、在表格中間填入熱愛的事物

楊小姐在美甲美睫這個領域不僅取得執業資格，也獲得專業講師認證，她非常熱衷於「協助他人變得更美麗」，所以第一步驟是將最喜愛的美甲美睫填入表格中央的「我想做的商品或服務」（參表8.2中的A）。

二、填入目前已經在該領域執行的事情

由於楊小姐已經成立工作室，屬於已經上路的階段，所以請她優先將「成立自己的

表 8.2　楊小姐的八維度商業變現路徑表

專精：成為專業服務者 成立自己的工作室 (B)	**供應：成為原物料供應商** 美甲工具組 美睫工具組	**知識：相關知識分享／創造** 專業美甲美睫課程 美妝 Youtuber
投資：投資在該領域的事業 投資學生的工作室	**我想做的商品或服務** **美甲美睫** (A)	**周邊：商品或服務的延伸商機** 生命靈數服務 個人造型穿搭服務 販售美容相關商品
媒體：成為該領域傳播媒體 美妝內容資訊網站	**協助：支援／助手相關服務**	**平台：仲介／經紀人**

工作室」填入「專精：成為專業服務者」一格中（參表8.2中的B）。

倘若你目前對八種變現路徑的認知還不是很清楚，請先回到前文的說明，重新閱讀理解一次。亦可在填寫過程中來回對照，確保自己是在理解各格內容後寫下對應的答案。倘若目前還未在該領域有所行動，可先忽略此步驟。

三、針對其他變線路徑，發想各種可能性

接下來，花點時間針對其他還沒執行的變線路徑，思考自己還有哪些新可能。

由於你對該領域有一定程度的熟

悉度，這既是助力，也是阻力。有幫助的地方在於「有了框架更容易發想新可能」，阻礙的地方是會不自覺地思考「這真的可行嗎」。但此步驟屬於發想階段，求的是點子的數量，所以暫時拋開可行性評估，只要腦中有閃過的念頭都先對照填入格裡，因為這是下一步驟要做的事情。

經過楊小姐的發想，將其他新的可能性填入了表格（參表8.2）。從表中可發現，她有兩格是空白的，這是非常正常的結果。在實際填寫過程中，工具表單本身是幫助我們的發想有結構可循，思考出更多元的可能性，所以即便有格子空著，只要其他發想出來的答案對當事人有價值，那就是最好的結果，不用強求每格都要填滿。

根據現狀擬定行動優先順序

填完「八維度商業變現路徑表」後，得到很多新的可能，雖然是件令人振奮的事，但填寫表格本身並不是我們的目的，而是要幫助自己化為行動，創造出滿意的改變。

所以，在這個階段要開始做可行性評估，將目前的身心理狀態、專業技能、資源多寡、生活調性、財務狀態等現實條件納入考量，決定哪些可能性得以實現，哪些需要往

表 8.3　楊小姐的行動順序安排

專精：成為專業服務者 成立自己的工作室 ❶	**供應：成為原物料供應商** 美甲工具組 美睫工具組 ❹	**知識：相關知識分享／創造** 專業美甲美睫課程 ❸ 美妝 Youtuber
投資：投資在該領域的事業 投資學生的工作室 ❺	**我想做的商品或服務** **美甲美睫**	**周邊：商品或服務的延伸商機** 生命靈數服務 個人造型穿搭服務 ❷ 販售美容相關商品
媒體：成為該領域傳播媒體 美妝內容資訊網站	**協助：支援／助手相關服務**	**平台：仲介／經紀人**

後遞延，排出接下來可以採取行動的優先順序。

以楊小姐的「八維度商業變現路徑表」為例，針對自身現實條件做出以下行動順序的安排（參表8.3）：

一、成立自己的工作室（短期目標）：由於楊小姐的工作室已經開業，理所當然優先專注在本業服務。

二、販售美容相關商品（短期目標）：針對熟客在服務過程中推薦美容相關商品。

三、專業美甲美睫課程（中期目標）：楊小姐擁有專業師資認證，她希望工作室業務穩定之後，針對想要從事美甲美睫專業工作的年輕人，傳授相關的專業技術。

四、針對學生提供相關工具組，成為學生的供應商（中期目標）：在提供專業課程服務後，楊小姐認為可以慢慢朝向從業工具的供應商，販售給課程的學生，提供他們往後開業的相關支持與服務。

五、投資學生的工作室（長期目標）：由於美甲美睫這份工作和體力（眼力）有關，對從業人員來說，初期開業要配合客人的時間，生活作息很不穩定。楊小姐雖然很喜歡這行，但也知道不可能永遠在第一線服務，所以當工作室經營有成時，會希望與其他從業人員合作，她則退居幕後成為經營者角色，打造該領域的專業品牌。

再以另一位彭小姐為例。她是位安親班老師，除了指導國小學生，還經常需要和家長溝通協調。工作之餘特別熱愛桌遊，家中的桌遊收藏頗豐，也喜歡參加各種桌遊活動。她很希望有一天能設計出一套桌遊，讓大人、小孩都參與。表8.4是她完成的「八維度商業變現路徑表」。

雖然成為桌遊設計師是她的夢想，不過礙於經濟與其他現實因素考量，還是很需要安親班老師的工作。然而完成「八維度商業變現路徑表」之後，她有了不同的想法與發現。

表 8.4 彭小姐的八維度商業變現路徑表

專精：成為專業服務者 成為桌遊設計師	**供應：成為原物料供應商** 製作桌遊的協力廠商	**知識：相關知識分享／創造** 親子桌遊課程
投資：投資在該領域的事業 投資桌遊公司	**我想做的商品或服務** **桌遊**	**周邊：商品或服務的延伸商機**
媒體：成為該領域傳播媒體 成立專門介紹桌遊的內容網站或部落格	**協助：支援／助手相關服務** 成為桌遊指導員	**平台：仲介／經紀人**

由於成為桌遊設計師是長遠的計畫，她可以先買相關書籍來學習，預做準備，再逐步朝目標邁進。而她也發現，憑著對各類桌遊的熟悉，可以嘗試將親子溝通議題融入桌遊中，在安親班裡設計這樣的課程，或許親子溝通桌遊課程會成為安親班的附加商品。

此外，還可以利用假日去認識的桌遊店打工，藉此練習當個桌遊指導員，幫助客人更快熟悉遊戲規則，並且從客人的反饋中，更加掌握玩家心態與遊戲機制設計，有助於朝桌遊設計師這個目標邁進。

「八維度商業變現路徑表」是一個實用的工具，能幫助人們從不同維度連結自己想從事的領域，跳脫原本只有單一維度的思維侷限，可以更全面地找到未來的可能性，並且規畫明確的下一步。

透過八維度商業變現路徑，將自己熱愛的事物／興趣變成可以獲利的事業體。

第9章 找到具體可行的創業切入點

每一個成立新事業的創辦人，或多或少都看到了市場上的「某個切入點」，如同哥倫布發現新大陸時的喜悅，通常這就是新創事業商品原型的由來，創業者從發現用戶的某個問題點、市場上某個尚未被滿足的需要，進而萌生事業概念，由此出發去設計商品原型。

然而殘酷的現實是，通常新創事業的資源很有限，有時即便發現這個令人興奮的切入點，也未必有對等的實力可以滿足。如何讓自己的發現變成可以落實的行動，而非停留在原地哀聲嘆氣，這樣的轉變格外重要。有時一個新事業誕生與否，其實只關乎創辦人的一念之間。

因此，不要想一次就找到完美的解決方案，因為以實務而言不大可能。而完美的解決方案通常意謂著高資源或高技術面的投入，除非你已經得到強而有力的後援（例如資金、專利、通路、政策等），對一般新創事業的創辦人來說，如果思維一直停留在創造完美的解決方案，相信許多人很容易就打退堂鼓。

所以想創業的人們，麻煩請跟當年的哥倫布一樣，剛開始不可能一眼就能看完新大陸全貌，比較可行的做法是踏上新大陸，帶著空白的地圖，透過自己腳下一步一步務實地將新大陸探索完；也就是說，反而是要務實地找一個對你而言「具體可行」的創業切入點，這個切入點可以滿足其中幾個面向就好。

面向一：現有商品或服務流程的「補強遺漏環節」

我很喜歡參加各種學習活動，每當在網路上看到符合興趣和需求的活動時，就會直接填寫報名資訊，但過去有個很有趣的現象，即主辦單位收到報名資料後，鮮少會寄送「報名成功通知」給學員，嚴格來說，其實更多主辦單位沒有認知到「要讓學員知道是否報名成功」的重要性，對我這個經常參加學習活動的資深學員來說，久而久之就見怪不怪。

幾年前，很多活動平台開始注意到這一點。以「ACCUPASS 活動通」這個平台來說，每當我成功報名一個活動，馬上就會收到相關通知，還能自動加入到 Google 行事曆，十分便利。

世上沒有完美的商品或服務，更何況消費者需求會隨著市場不斷演變，創業者只要有心，就不難從現有商品或服務流程中找到可切入的事業機會。尤其當自己是商品或服務的用戶時，請不要忽略過程中那些不便的環節，或許這就是可以從中發揮的「補強遺漏環節」。

面向二：現有商品或服務流程的「某個效能提升」

自從智慧型手機開始普及，用戶的年齡層也從年輕族群慢慢擴散到高齡族群，但當時的市調顯示，近四成銀髮族對於智慧型手機滑開介面的使用仍然很不習慣，有業者發現了這樣的需求，特別針對銀髮族去改善手機的效能，讓他們更方便使用。於是推出了對應實體按鍵的智慧型手機，有大字體、大音量、大按鍵，相較於市售的手機聽筒增大了五〇％，喇叭音量增加了二二％的分貝數，而且一鍵就能啟動ＳＯＳ求救鍵，自動撥話給緊急聯絡人。

其實這樣的改善對廠商來說，商品本身並沒有增加更高規格的技術層次，只是將現有功能重新設計成更符合目標用戶而已。

如果你看到的商機範圍非常廣，不妨從一個目標用戶族群開始，或是只針對某個用戶特別在意的效能進行改善修正；從小處開始著手的優點就是，測試市場的成本相對較可控，並且可從第一批用戶的回饋中持續修正商業概念。

面向三：對於現有商品或服務的消費者「提供價值資訊」

我曾在一場講座活動中接觸到一位旅遊部落客，他著眼的主題令我十分驚豔。他專門書寫冰島的旅遊資訊，同時因為他個人對該國人文風情的了解，加上曾經任職旅遊業的經驗，因此也能帶領旅客做個八天七夜的「深度旅遊」。這樣的體驗未必是一般大型旅行社所能提供，而這就是他的利基所在。

同樣的道理，如果你在既有的商品或服務中發現有些資訊是「用戶應該知道卻不知道」，而你剛好擁有這方面的知識，其實就可以從提供這些資訊開始，運用自媒體的力量，慢慢累積認同你的理念的用戶群。由於你自己就是商品，相對於需要投入原物料生產的商品而言，不需要先墊付高額成本，也是一個很好的事業起點。

倘若你看到的商機範圍很廣，卻能透過知識傳播來教育目標用戶，那麼就讓自己養成產出價值資訊的習慣吧。當你產出得愈多，在網路世界的好處（也是壞事）是，你所付出的一切是會被積累的，量大就會產生質變，你的耕耘總有一天會發酵。

面向四：針對整體消費旅程進行「昇華整個體驗」

過去在餐廳的用餐經驗是，服務生將餐點送到桌上，再由客人自己分配到每個人的面前，乍看之下是再正常不過的做法，可是王品餐廳卻發現一個改善流程的切入點。

王品餐廳發現，如果服務生能夠在點餐時精準地記錄每個人的餐點，送餐時就能一次正確送達，讓客戶感受到用心與專業。還記得我有一次生日在王品用餐時，服務人員圍在旁邊為我唱生日歌，並送上一個精美甜點，當時我對於這樣的意外安排感到非常驚喜且滿意，當然也因為這樣的深刻體驗，自然成為幫忙散布他們品牌口碑的客戶之一。

雖然現在這兩項服務已非王品專屬，但誰能優先發現改善的環節，誰的品牌就能在客戶心中占據不可磨滅的位置。

這幾年，國內的服務品質不斷提升，有時已經不是商品質量上的競爭，而是整體用戶體驗流程的改善，哪怕只是流程中「一個點」的改善，往往就能在用戶心中創造出與競爭對手截然不同的感受。同樣的道理，你是否能從你發現的商機中，透過某一個服務環節的改善，讓用戶產生更好的體驗？

當然，即便找到以上幾個面向的具體切入點，不代表這個事業就真的能做起來，還是得從市場的角度來看待機會才更真實。我還是建議，從發現商機到實際執行，創業者不要想一次就希望找到完美的解決方案，而要務實地找一個對你而言「具體可行」的切入點，然後盡快接觸市場，得到用戶反饋，這才是比較實在的！

當你發現一個很好的機會，可以選擇從「一個點」開始，務實地驗證自己的想法是否可行。確認可行後，再逐步擴大商業規模。

第三部

造流程

打造你的商業系統

- 精準用戶定位，找到市場需求
- 成為超級用戶，找出潛在商機
- 構思商業計畫的十二個關鍵重點
- 商業流程規畫，讓你的概念真正動起來
- 創業產品規畫的核心思維

第10章

精準用戶定位，找到市場需求

在網路當道的時代，創業者若想打造一個穩定獲利的事業體，就不能以過往的思維去擬定市場策略，而要了解當今的市場主流觀點：用戶思維。

用戶思維的核心精神，就是以用戶為中心，強化用戶體驗。不僅適用於創業者，也被全球各大知名企業奉為圭臬，因為這是個商品氾濫的時代，唯有更了解用戶的需求，才能領先競爭對手，提出更被市場接受的商品。

認清用戶與客戶

在說明用戶思維之前，我們要先區分「用戶」和「客戶」，因為很多人會將兩者混為一談，唯有清楚理解其間的差異，方能更精準地規畫事業的構想。

簡言之，「客戶」就是付錢給我們的人，「用戶」則是實際使用我們商品的人。

在很多情境下，客戶和用戶經常是同一人，例如我外出買便當，在這情境下，我既是享用便當的用戶，也是支付餐費的客戶。很多產業都是「客戶等於用戶」的情境，像零售、餐飲、觀光等產業，但也有很多產業的用戶與客戶未必是同一人。所以在擬定市場行銷策略時，必須進行更細膩的思考。

以升學補習班為例，我們要思考誰使用補習班的服務？而誰為了這些服務買單？在大多數情況下，孩子是使用補習班服務的用戶，家長則是支付費用的客戶。

當我們能夠區分用戶與客戶的差異後，就要好好思考一個延伸問題：該以用戶還是客戶為優先考量？

答案是：**要以用戶為優先考量**。因為倘若用戶在使用商品過程中有不愉快的體驗與感受，很容易會影響他再次購買的意願。因此，唯有將用戶體驗做到好，才能促使客戶願意繼續和我們合作。

用戶思維不僅用於消費市場（B2C）的產業，也適用於企業對企業（B2B）的產業，因此要從終端用戶的使用情境去思考，因為他們的體驗同樣會影響企業的採購決策，就算是再封閉的產業，也會因為用戶的回應造成全面的改變。再者，隨著世代交替，往後企業承辦窗口依賴網路的程度只會愈來愈深，所以用戶評價格外重要。

定位你的目標用戶

每當我面對創業團隊進行諮詢輔導時，不管眼前創業者投入的產業為何，我都會請對方花時間想清楚誰是用戶？誰是客戶？如果這問題沒在創業之始就得到清晰的解答，往後展開的商業規畫都容易事倍功半。

在幫助創業團隊找到目標用戶的過程中，我通常會透過大量的提問與引導，幫助團隊逐漸聚焦自己的用戶輪廓，再搭配工具表單，讓創業團隊能夠按部就班地定位出真正的目標用戶。

在此過程中，有三個重點建議：

一、**與其虛擬假想目標用戶族群，不如以實際存在的「某個人」或「某個組織」為目標**。舉例來說，曾有一個創業團隊想針對北部中高齡單身族群提供一條龍的聯誼相親服務，但創辦人在定義目標用戶時一直抓不到方向，難以聚焦出具體的用戶輪廓。於是我建議不如想想有無認識的單身朋友，因為是實際存在於周遭的朋友。所以創辦人很快就抓到要領，寫出朋友的一些特徵與生活習性，進而歸納出精準的用戶輪廓。同樣的道理，如果創業者是針對企業組織提出商品或服務，與其沒有依據地虛擬設想，不如找實際存在的企業組織作為目標，反而比較能夠更快抓到用戶輪廓。

二、**範圍縮得愈小，理想用戶反而會出現**。尋找目標用戶，關鍵在於精準度，所以先不要去想後端市場規模的問題，而應聚焦於「真正想服務的用戶是誰」。絕對不要存有「來者不拒，誰都可以」的想法，如果一個商品主打「誰都可以買」，很容易造成「誰都不想買」的後果，因為行銷不夠聚焦，很難取得市場共鳴。不要害怕範圍縮小之後沒有市場，在網路無遠弗屆的年代，哪怕是再小眾的市場，經由網路的散播，全球也會有可觀的用戶量；再者，比起廝殺到血流成河的大眾市場，由於市場夠小眾，只要抓到用戶需求，真正解決用戶困擾的問題，反而不需要花費太昂貴的成本，就能取得一批死忠的用戶。

三、**透過大量行動與修正，盡快剔除掉不適合的用戶與客戶**。創業初期所設想的市場假設與目標用戶，在實際推出商品接觸市場後，都有可能重新調整，這是創業常見的情況，因為沒人可以代表市場，無法提前告訴你何謂標準答案，所以我們需要透過實際行動，驗證自己的假設是否正確。但即便此刻做出自認為明確清晰的用戶輪廓，也要每隔一段時間進行檢視，持續透過接觸、認知、修正、執行的循環，才能培養出自己對市場獨樹一格的觀點。

在幫助創業團隊定位目標用戶時，為了幫助他們快速上手，我不會用坊間其他過於複雜的工具方法，避免成員在學習與產出時遇到困難。通常我會根據對象的不同，包括「已有目標用戶」和「未有目標用戶」，採取不同的方法，以下分別說明。

已有用戶交易資訊，運用表單加以歸納整理

當創業團隊已有實際接觸的目標用戶，並且開始展開交易，就擁有一些基礎的用戶資訊／數據，此時，我會請實際接觸第一線市場的業務／行銷夥伴運用「用戶情報歸納表」（參表10.1），幫助大家將現有資訊變成可供分析參考的用戶情報。

關於「用戶情報歸納表」的使用說明如下：

一、即便是同一套產品，也可能為了因應不同的用戶群，進行功能上的調整或針對性的包裝行銷。所以表格中預留「族群一」、「族群二」、「族群三」等三個欄位，以便團隊成員做更細部的分類。

二、從A（性別／年齡）到E（家庭組成）屬於用戶背景基本資訊，通常可以從過往交易資料數據中取得相關內容，團隊成員可以思考該族群中的大多數用戶擁有什麼樣的背景。如果事前有做資料分析，填寫時就會比較容易，但若未進行分析工作，填寫時

表 10.1 用戶情報歸納表

族群項目	族群一	族群二	族群三
A. 性別／年齡			
B. 學歷			
C. 職業			
D. 年收入			
E. 家庭組成			
F. 特質／喜好習慣／偏好			
G. 他們會參與甚麼活動？			
H. 這些人會出現在哪些場合？			

也無須擔心，通常在市場第一線實際接觸用戶的業務／行銷成員，大都能從過往經驗寫出對應的內容。

三、從F（特質／喜好習慣／偏好）到H（這些人會出現在哪些場合）屬於用戶的進階資訊，除非市場第一線實際接觸用戶的業務／行銷成員對用戶做過行為觀察，才有辦法填寫對應內容。所以這三列內容格外有價值，因為可直接作為後續行銷規畫的參考依據。

四、表單內各列資訊可依照實際需求做增減。

我曾經引導一個針對外籍學生販售中文教材／書籍的創業團隊，透過這個表格彙整出他們的目標用戶。團隊根據過往的交易資

表 10.2　中文教材新創團隊之用戶情報歸納表

族群項目	外籍學生
A. 性別／年齡	男女皆有 年齡約 15 至 24 歲 大學生為大宗
B. 學歷	高中、大學
C. 職業	學生
D. 年收入	—
E. 家庭組成	1 至 2 人，獨自來台念書居多
F. 特質／喜好習慣／偏好	中文檢定考試相關資訊、中華文化、台灣在地小吃／景點
G. 他們會參與甚麼活動？	相同文化／國籍的社群活動、網聚
H. 這些人會出現在哪些場合？	學校圖書館、異國風味的餐館、酒吧

訊得出如表10.2的結果。

未有用戶交易資訊，透過發想快速歸納重點

對於剛萌生創業念頭的創業團隊而言，由於初期只有商品概念與構想，尚未實際接觸市場，此時可以運用集思廣益的工作坊型態，讓團隊成員一起腦力激盪來描繪出目標用戶的輪廓。

方法非常簡單，很適合剛起步的創業者，操作流程如下：

一、根據未來創業要推出的商品或服務，定義出一個目標用戶族群，並依此族群列出周遭實際認識的適合人選（約三至五位），將人選的代號／綽號寫在白紙上，以幫助接下來的發想能更具體清晰。

二、找一張A3大小的白紙（或一面牆），運用便利貼列出與此目標用戶有關的關鍵字，一張便利貼只寫一個關鍵字。由於是發想階段，所以只要想到就寫下來，貼在白紙上。

三、將關鍵字進行分類，從中歸納出適合事業的目標用戶輪廓，並且應用在自己的商品或服務中。

我以一個曾經找我諮詢創業的實際案例說明。有對夫妻想在中部開一間針對親子家庭的民宿，由於還處於規畫籌備階段，我請他們在A3白紙中央寫下民宿想要針對的親子家庭用戶，接著請他們思考這樣的用戶族群在旅遊選擇住宿地點時，會優先考慮哪些環節。這對夫妻本身有小孩，過去也有帶孩子出遊住宿的經驗，所以他們很快就用便利貼列出親子家庭這個用戶族群的關鍵字。

雖然原先的方向只有「親子家庭」這樣的模糊樣貌，但透過關鍵字分類後（參圖10.1），這對夫妻赫然發現，其實他們最想服務的對象是家中有零至三歲孩子的家庭。丈夫回憶大兒子剛滿一歲時，為了尋找適合全家出遊的住宿地點，著實傷透腦筋，因為很

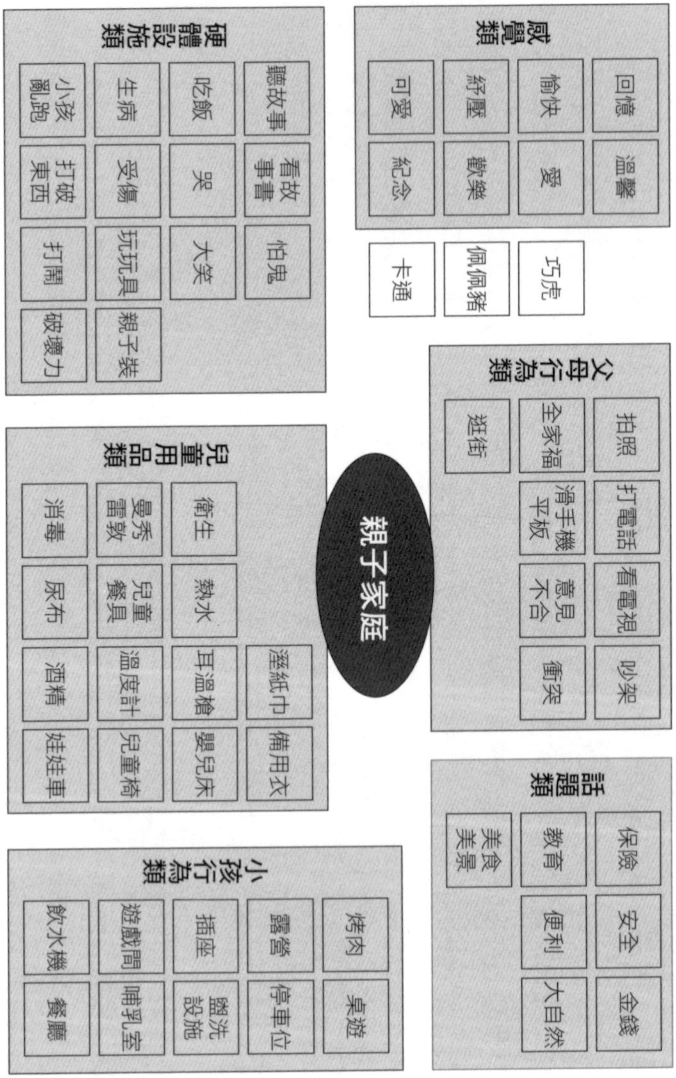

圖 10.1 定義目標用戶族群

多民宿未必備有幼兒所需的器具。加上妻子曾擔任護士，對幼兒衛生環境格外重視，要找到適合又滿意的民宿，的確不容易。當時不便的感覺一直深烙在他們的腦海中，直到準備創業，才透過目標用戶歸納過程找到最想服務的用戶族群，進一步確立了民宿經營的方向，而這些關鍵字也能作為日後住宿服務與行銷推廣的素材。

找到內心最想服務的目標用戶族群，
才能深入挖掘需求，發現背後的潛在商機。

第11章 成為超級用戶，找出潛在商機

我曾與幾位創業者討論他們遇到的事業問題，發現一個有趣的共同點，那就是每當討論到新的可能性時，有些創業者會回答：「這個點子很好，但在我們產業不可能！」

我十分認同，可行性的研究絕對必要，但在尋求事業創新和機會點時，我發現創業者遇到的最大問題往往不是專業，也不是技術，而是「思維被侷限」。

每當旁人有了新觀點和想法卻一直被潑冷水，久而久之，就不會有人願意分享經驗，導致新機會萌芽時，率先扼殺這個機會的人就是創業者本人。

把「用戶觀點」放心中

的確，對創業者而言，並不是每個外部觀點都受用，但有個觀點是創業者必須時時

放在心中，那就是「用戶觀點」，尤其在事業新創之時，用戶觀點更該凌駕於創業者本身的觀點之上。因為創業者堅持的觀點未必會賺錢，但專注在用戶的需求和痛點上，則代表離市場更近了，商機也更加明確。

所以，建議所有開創事業的人，請讓自己成為超級用戶，透過自我提問萃取用戶需求／痛點。這個方法幾乎不需要成本，養成習慣之後，終生受用！

依照過往經驗，具備以下兩個條件的人更容易找到精準用戶及其需求和痛點：

條件一：深厚產業歷練。望文生義，意思就是這個人在同一產業領域積累了很多實務經驗，由此發展出特別的市場直覺，而這個直覺往往能幫助自己做出正確判斷。這部分在概念上相對好理解，但不容易養成，因為要達成這個條件不僅需要時間，絲毫取巧不得，還得透過實務去磨練。加上他必須實際活動於市場第一線（例如業務和客服），如此才能培養出敏銳的直覺。

條件二：好奇開放心態。世界上許多偉大的創意都從好奇心開始萌芽，擁有好奇開放心態的人，會更願意接納新的刺激與更多可能性。我們可從許多成功的企業家身上觀察到這個特質，例如人稱「麥當勞之父」的雷．克洛克（Raymond Albert "Ray" Kroc），原本是一位奶昔機業務員，在偶然的情況下接到麥當勞餐廳的訂單，由於好奇心的驅使，讓他接觸到麥當勞兄弟[2]，進而展開後續麥當勞事業拓展的合作，也因此改變了他自己與麥當勞兄弟的一生。甚至可以說，由於這樣的契機，我們今天才能在全世界吃到麥當勞。

很多人在達成第一個條件時，往往很容易變成專家思維，在想法上會受到自己的框架所侷限。所以在第二個條件的養成過程中，最大的阻礙往往是「專業障」。一個人擁有「深厚產業歷練」的同時，又要保有「好奇開放心態」，其實是有難度的。

練習成為用戶

不過儘管不具備深厚的產業歷練，反而更有機會「讓自己成為超級用戶」，因為沒有侷限和框架，更容易從用戶角度去看待問題，找到可貴商機。所以，不妨在每次的消費體驗中，進行以下練習：

一、喚醒消費體驗過程中的不爽、不滿或苦惱

大多數人在享受消費時，其實很多時候是無感的，有時候頂多只是「一閃而過」的

感覺，但任何消費體驗中的感覺都值得被深入探討，尤其是「不舒服」的感覺，很有可能就是「用戶痛點」。

痛點，簡言之就是痛苦之點，而逃避痛苦的驅動力又強過追求快樂。舉例來說，如果明天不繳電話費，你的手機就會立刻被停話，你會不會因此馬上有所行動？如果房東說明天再不交房租就得搬出去，你會不會趕快解決這個問題？

以人性來說，都會想要快速擺脫讓自己不舒服的感覺，但大部分的用戶並不會好心告訴你「他們因何而痛」，因為通常用戶自己也說不上來。所以企業行銷最該做的事，就是「點出用戶的痛」！喚起他們深藏心中的不便、不滿與不安，行動力就會因此跟著強大起來。

所以痛點在哪裡？在於你對人性的深刻體悟，在於你對商品、市場、競爭狀態的深度解析；痛點從來只存在用戶的意識裡，不是基於商品角度去闡述商品的優勢與特色，而要站在用戶立場，從需求層面強調用戶的感受。用戶需要你去找到這個痛點，並且刺激它，讓用戶「有感」。此外，痛點必須夠直觀、讓人一目了然，效果就像止痛藥一樣

❷ 麥當勞兄弟指的是理察・詹姆士・麥當勞（Richard James McDonald）和莫里斯・詹姆士・麥當勞（Maurice James McDonald），他們是麥當勞的創辦人。

能讓用戶的心揪起來，然後覺得自己非常需要這個商品或服務。

如果你看過電影《速食遊戲》（*The Founder*），就會知道麥當勞兄弟當年看準了各大餐廳「慢食」的現狀，花了很多時間設計廚房動線及製作流程，不厭其煩地反覆修正與改善，終於成就了現代「速食」的基礎，並且成功打響名號。即便只是一個顯著的單點突破，讓「慢食」與「速食」形成強烈對比，就足以讓用戶絡繹不絕。一如電影中的男主角點完餐後，立刻就拿到熱騰騰的麥當勞速食，他一臉困惑，直呼不敢相信「這是真的」。

花心思好好研究用戶的痛點，就能讓用戶為你的商品或服務而尖叫。

二、只要想到就記錄下來，再慢慢研究

拜科技所賜，隨時隨地都能將自己的想法記錄下來，只要人手一支智慧型手機，幾乎都能輕易辦到。而我偏好用聲音記錄當下感覺，因為我認為用聲音比較直接，而且聲音包含了當時的情緒。如果可以的話，還會把場景拍下來，聲音搭配圖像的輔助，更能幫助自己回到現場，回顧當時身為用戶的感受與想法。因為痛點和感受有關，大多數人容易忽略生活中不便利的種種細節，但這些細節都有可能是創新的契機。因此當記錄養成習慣並累積到一定數量，就能慢慢找出哪些是可以進一步延伸的好商機。

三、驗證其他人是否和你有相同感覺

完成記錄的時候，請務必思考一件事：你個人的體驗是否足以能夠代表大多數人的感受？要成為一個好商機，數量絕對是決定市場規模的重要因素，因此要將記錄的內容進行初步篩選，從中找出感覺最強烈的部分，讓自己還原當時的用戶場景，好好整理一番想法。

接著去找「與自己用戶屬性相似」的朋友，帶他直接體驗你當時的用戶情境。整個體驗完成後，把自己整理過的想法和朋友討論，看看對方是否也有同樣感受。

至於該找多少人驗證呢？這其實沒有標準答案，但我建議，與其只留意數量，更該做的是留意對方的感受是否強烈，以量化提問方式確認對方的感受程度，例如：「如果這感受非常強烈，請給十分；如果這感受微乎其微，請給一分。關於我們剛剛提到的〇〇問題，從一分到十分，你會怎麼評分？」

世界上有不少成功的創業者一開始的事業契機，其實是從自己的用戶體驗上找到開創事業的機會。一〇四人力銀行創辦人楊基寬先生就是個典型的例子。

他在三十六歲離開科技公司之後，失業了兩年，他發現當時的求職者找工作、企業徵才管道有限。他以自己的用戶經驗為基礎，了解到求職管道的閉塞與不便，於是憑著當時對網路商機的研究、判斷與創意，他決定開始做一個「方便幫人找工作」的網站，造就了現在的一〇四人力銀行，成為台灣首家上市的網路科技公司。

要想找出好商機，從現在開始讓自己成為超級用戶，從用戶體驗中找出新的事業契機！

第12章 構思商業計畫的十二個關鍵重點

由於長期擔任公私立機構的創業輔導顧問，因此我有機會接觸許多創業團隊，他們在各自的專業技術領域可說是翹楚，我也很享受每次與他們交流產品概念的機會。

但我發現，這些團隊都有一個共通問題，就是在說起自家產品時總是頭頭是道，問及如何展開這個商業概念時，卻未必能清楚地說出商業邏輯，有時是沒有深入思考一些環節，有時又太執著於某個環節，以致思維深陷其中走不出來。**專精於點，卻失於面，就很容易忽略商業是由每個環節組織而成的系統**。

創業，需要計畫

相信很多人都聽過「計畫趕不上變化」這句話，這的確是商業環境經常面臨的真相。但創業者若總想著準備好了再上路，很快就會發現永遠都沒有準備好的時候。大多數人在事業草創期，都是處於且戰且走的狀態，「計畫趕不上變化」嚴格來說很正確，但根據我長期輔導創業團隊的經驗，我會加上一句：「有計畫總好過沒計畫。」

先想清楚再確實行動，然後根據市場反應即時調整商業概念，才能確保自己能在殘酷的商業世界中存活。

但是否代表創業者就一定要寫一份完整的商業計畫書？答案是不一定，重點在於要釐清對於這個事業的商業邏輯，想清楚接下來運作時所需要的資源、流程與行動。所以未必要做出感覺很專業、有質感又厚重的計畫書，亦不需要侷限格式，儘管只是一張Ａ４紙上，只要腦袋構思清楚，能幫自己為這事業確實展開下一步行動即可。

什麼時候需要寫計畫書？就是當「有明確的溝通對象」出現，而你希望透過計畫書讓對方理解你的商業計畫，進而達到你期望的結果。

商業計畫書的溝通對象，一般分成「外部溝通」與「內部溝通」兩種。常見的外部溝通對象就像天使投資人、創投機構、銀行或政府單位，希望對方在了解商業計畫之後，能夠認同自己的商業價值，進而爭取到想要的資源。面對外部溝通對象，通常得先花時間了解對方在意的重點及需求，以明確的目的去撰寫商業計畫書，而且這類對象往往很要求格式與內容編排，必須謹慎小心對待。

內部溝通對象就像公司股東或內部團隊成員，重點會放在傳遞／溝通概念、資源盤點或創意發想，所以計畫的呈現形式反而不是重點，而是讓大家迅速理解想法，針對計畫本身得以交流討論。通常是以解決問題為導向，計畫書不需太多的綴飾與包裝，具體有效反而較實在。

建構商業計畫的十二個關鍵重點

一份好的商業計畫，可以帶來四點好處：

一、關鍵問題釐清，檢視概念可行。
二、內外資源梳理，商業模式確認。
三、確認未來方向，展開行動計畫。
四、減少時間浪費，提前避免風險。

由於我過去經常幫創業團隊檢視商業模式並協助撰寫商業計畫書，在這個領域中，除了我長期研究國內外各商業模式的理論，還加上自己的實務經驗，經年累月下來，我

圖 12.1　建構商業計畫的十二個關鍵重點

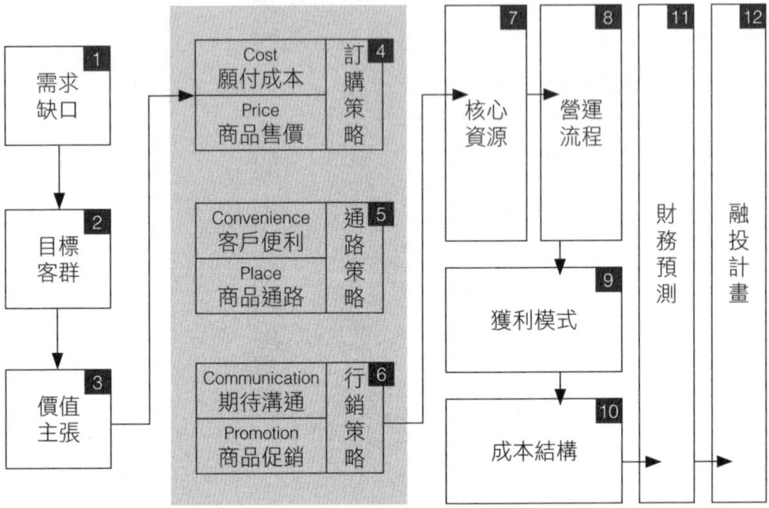

整理出一套建構商業計畫的邏輯思維（參圖12.1），並實際應用在輔導創業團隊撰寫商業計畫的過程，得到客戶很好的迴響。

這套邏輯就像一張地圖，無論你未來要在哪個產業開創事業，你可以依照這套邏輯寫出自己的商業計畫。我經常透過這套邏輯，在會議中運用引導提問技術，幫助創業團隊更聚焦思考自己的創業項目，讓他們快速找到關鍵核心問題，更完整地構思商業計畫。

接下來將依照順序一一說明，在一到七的環節中會附上引導提問，可以藉此釐清自己的商業計畫是否完善，而第八環節的具體內容，將在第十三章做詳細說明，九到十二環節涉及財務面的規畫，雖然我並非專業財務背景出身，但在建構商業計畫過程中，不管創業者過去是否接觸過財務報表，我認為基礎的財務知識還是必須具備，因此這四個環節著重解析相關實務重點，用淺顯易懂的方式說明其中的意涵。

一、需求缺口

簡言之，就是你因為想要解決什麼問題而決定創業。所謂的問題，指的是當現實與理想出現落差，造成某種程度的不利影響，但又不能不解決。因為要解決這個問題，才會有需求產生。我曾在創業競賽現場，看到有創業團隊特別擅長描繪問題情境，在簡報一開始就得到眾多評審（包含我）的認同，因為大家都相信你說的問題確實存在，才會對你接下來的商業規畫感興趣。

要特別提醒所有的創業者，需求必須真實有效且是原本就客觀存在，而不是由創業者自行臆測創造出來的（因為教育市場的成本非常貴）；是創業者發現了這個需求，而非去臆想揣測這個需求。如果這個問題和你個人息息相關，那會是一個有機會打動人心的創業故事，讓人們相信你的創業初衷，如此才容易引發共鳴，得到支持。

引導提問：

- 你看到的問題是什麼？如何佐證問題確實存在？
- 這個問題和你本身的關聯是什麼？
- 這問題真的需要解決嗎？不解決會如何？
- 有沒有其他人／單位正在解決這個問題？如果有，你依然選擇投入的原因為何？
- 公司／事業／團隊成立的初衷為何？

二、目標客群

第十章曾說明了客戶與用戶的差異，如果你的客戶與用戶屬於同一人，那麼直接將目標用戶當成目標客群即可。倘若屬於不同族群，那麼此處需要將兩者分別說明，讓人們知道客戶與用戶之間的關聯，彼此間又是如何相互影響。

引導提問：

（一）針對企業對企業（B2B）產業

- 針對什麼樣的企業組織？規模多大？年預算多少？目前棘手的問題是什麼？
- 誰是承辦人員？誰是決策人員？
- 承辦人員／決策人員對組織的期待為何？承擔哪些壓力？

- 承辦人員／決策人員的績效是否和你的商品或服務有直接關聯？
- 除了承辦／決策人員，組織內還有誰是需要考量的利害關係人？
- 標案的形式與企業採購風格？採購的頻率為何？

（二）針對消費市場（B2C）的產業

- 他們是誰？屬於什麼族群？在哪生活？生活型態為何？
- 他們的平均月收入為何？他們的消費風格為何？
- 誰影響他們購買（利害關係人）？
- 他們會在什麼情境下使用你的商品？
- 他們從接收商品到使用完畢，整個體驗流程為何？
- 從你的商品或服務上受惠最多的是誰？

三、價值主張

簡單說，就是你要提供什麼樣的商品或服務給目標客群，讓他們經由你的商品或服務得到豐富體驗與利益；或是讓目標客群相信，能夠透過你的商品或服務來解決他們困擾的問題。如果你擁有一個明確易懂的價值主張，就能更輕易地使目標客群願意相信並長期依賴你。

在這個環節就是要詳加說明，你會如何透過商品或服務來解決在需求缺口環節所提出的問題。我通常會提醒創業團隊，專注在提供給目標客群的價值，而非商品功能。因為**商品和服務永遠只是媒介，重點還是在於是否解決問題**，這才是關鍵所在。你要販賣對目標客群真正有價值的商品或服務，而不是自以為有價值的商品或服務。

創業團隊認為的價值，未必等於目標客群所感受到的，這也是我經常提醒創業團隊需要留意的事項，不要自己想得很美好，而要親自拿商品或服務去市場驗證，才知道先前的假設是否正確。唯有目標客群感受到價值，才會願意掏錢購買。

引導提問：

- 你準備怎麼解決這個問題？夠具體可行嗎？
- 具體而言，商品或服務能解決什麼樣的問題或爭議？
- 商品或服務有無創新？是否讓目標客群好理解？
- 商品或服務是否讓目標客群便於使用？
- 與競爭對手的差異在哪？
- 你的商品或服務是在原有產品上改良，還是跳出大眾的認知框架？

- 目標客群會選擇不購買你的商品或服務，原因可能是什麼？
- 目前市場上是否有與你商品或服務相似的競爭對手？市場對於他們的評價如何？
- 現有商品或服務和市場上相似商品的差異為何？是否可能被取代？或可能取代哪些相似商品？
- 整體來說，你希望與競爭對手的差異在哪？

在《價值主張年代》（*Value Proposition Design*）一書中，對於價值主張有明確的說明與解析，有興趣可參考這本書。

四、訂價策略

接下來進入到市場面的規畫。我曾看過不少商業計畫書花很多篇幅說明商品或服務的優勢，卻忽略了一個很根本又致命的問題：你如何從市場上成交第一筆交易？

如果一份商業計畫沒有認真面對市場行銷問題，基本上這個計畫可說是形同虛設，因為即便商品如願上市，也不代表生意會自動上門。在此，我整合了傳統行銷4P[3]理

---

❸ 行銷4P指的是product（產品）、price（價格）、place（通路）和promotion（促銷）。

論，融入在商業計畫中，因為只有務實面對市場問題，企業才有生存下去的可能！

這個環節首先要了解，在現有市場中，你提供的商品或服務會是怎麼樣的價格呈現？因為某種程度上對目標客群而言，商品價格往往能直覺反射出人們對此商品的價值認知。**價格要使目標客群能接受，商品才能如願賣出去，你才會賺到錢**。

所以，若要讓人覺得你的商品或服務的定價是合理的，就要做到有憑有據，才能取信於人。我建議創業團隊先花時間深入調研市場，根據市場情報了解人們願意在此商品上付出的金額，然後再思考自己的商品該如何訂價。

那麼該如何為商品或服務做適當的訂價？管理學中的訂價策略非常繁多，我將常見的七種訂價策略歸納整理成表12.1，你可以依照自己的產業背景，選擇適合的訂價策略。

引導提問：

- 目標客群願意為此商品或服務付出多少成本？
- 現有商品或服務在市場上的平均市價大約是多少？
- 能否組合現有商品或服務，變成對目標客群有吸引力的套餐方案？
- 能否提供附加服務，讓目標客群有「賺到了」的感覺？
- 整體提供給目標客群的價值，是否能夠量化為金額？此價值金額與售價是否有明

表 12.1 訂價策略

訂價名稱	適用背景	重點內容	案例
滲透訂價法 Penetration Pricing	● 市場需求龐大。 ● 消費者對其價格敏感，且沒有明顯的品牌偏好。 ● 大量生產能夠有規模經濟效益。 ● 低價策略能夠有效的預防潛在競爭者加入，同時亦可打擊現有競爭對手。	運用較低的售價快速讓市場接受，藉此建立品牌知名度並搶攻市占率，領先競爭對手，最終會造成薄利多銷的結果。	● Netflix ● 小米手機 ● 可口可樂 ● 百元理髮
撇脂訂價法 Skim pricing	● 新產品、受專利保護的產品、流行產品（消費者易感興趣）。 ● 消費者購買力強，但是對於售價並不敏感。 ● 沒有競爭對手或暫時沒有競爭對手。	前期設定高額售價進入市場，從中取得高額利潤，在競爭對手跟上腳步前，就已經收回前期投資，之後再隨市場變化慢慢降低價位。	● 3C 電子商品 ● 高價課程
認知價值訂價法 Competition-based Pricing	● 商品或服務具有時限或稀缺性。 ● 消費者對於商品或服務有其認知、感受及價值評價，並有其購買力。	消費者對商品或服務的品牌、性能、品質、體驗感受，擁有一定的價值認知。價值認知高，就願意支付高價；價值認知低，則不願購買。	● 節慶商品 ● 商業顧問服務 ● 客製化服務

（續下頁）

訂價名稱	適用背景	重點內容	案例
差別訂價法 Price discrimination	● 企業擁有價格制訂權與控制權。 ● 消費者對於同一商品有不同的需求，同時也有不同的購買力。	同一商品針對不同的消費族群、需求（用戶場景）、時段，設計不同的價格策略，為企業帶來更大的收益。	● 軟體（家用版、商用版） ● 商務艙 ● 電影午夜場
競爭導向訂價法 Competition-based Pricing	● 市場競爭激烈，但商品或服務彼此間差異化不高。 ● 消費者對其價格敏感，且心中對商品或服務的價位有既定認知。	以市場競爭對手的售價為基礎，設定高於／一致／低於競爭對手的售價。	● 一般民生消費品
組合訂價法 Portfolio pricing	● 當多品項間存在互補或關聯關係時。 ● 各品項有合理明確的高低價區域，才易使消費者接受組合後的價格。	制訂價格時，刻意讓部分品項的售價較高，部分品項的售價較低。當這些品項組合販售時，讓消費者覺得組合價較划算，也避免消費者思考比較。	● 麥當勞套餐
競標訂價法 Sealed-Bid Pricing	● 情感價值極高或功能價值極高的商品。 ● 當機構擁有複雜性高、預期效益高的專案，常會採取競標型態來遴選合適的廠商。	由賣方展示商品或服務價值，設定競標條件後，讓消費者透過競標後的方式決定最終訂價，最常見的型態是拍賣。	● 藝術品 ● 商業／公部門標案

顯差異？

- 目前制訂的價位，目標客群是否能接受？你自己是否能接受？

五、通路策略

這個環節需要說明你的商品或服務會在哪些通路接觸到目標客群？又如何證明這些通路是對的選擇？

在決定商品或服務的通路之前，需要先了解一個本質問題：怎麼交易對目標客群才算是便利？要注意的是，所謂的便利是目標客群定義出來的，而非自己憑空想像。所以選擇通路的根本策略就是：**在什麼地方最能有效接觸到目標客群，就選擇在那裡曝光**。

基本上，如果用戶調研做得徹底，就很容易找出目標客群經常出沒的實體區域或社群網路媒體，亦較容易制訂出適當的通路策略。

引導提問：

- 目標客群經常會出現的地方／區域為何？又在何時出現？
- 目標客群經常使用的社群媒體為何？使用的時間大約在什麼時候？
- 目標客群都習慣在何種情境接觸到你的商品或服務？

● 如何交易對目標客群才算是便利？

六、行銷策略

在這個環節中，你需要說明你預計如何將商品或服務投入到市場中，並且透過內外部資源整合，擬定有效的行銷規畫，將銷售成果實際轉換成收益，並制訂出短中長期的行銷目標與規畫。簡言之，就是清楚交代你準備如何進攻這個市場。

在整個商業計畫中，「行銷策略」扮演舉足輕重的地位，也能更進一步評估你的商業計畫是否真的務實。

引導提問：

● 如何取得第一批目標客群？
● 如何達到再行銷，讓新客戶變成老客戶？
● 準備用什麼樣的風格調性和文案內容與目標客群溝通？
● 目標客群能接受的行銷方式為何？
● 目標客群最忌諱的用語和詞語為何？
● 行銷期程規畫與階段目標為何？

七、核心資源

這部分要說明你為了實現這個商業概念，目前擁有的資源（實體資源、人力資源、智財資源、財務資源）有哪些，讓人清楚知道你手中有哪些好牌可以支撐這個事業。

在所有資源中，最核心、最關鍵的資源就是創始團隊本身，因為「人」永遠是稀缺資源，是這計畫中的靈魂。倘若需要製作商業計畫書給外部溝通對象，建議要重視團隊介紹的說明，特別是投資者，最被看重的就是創辦人本身的誠信與過往經歷。

引導提問：

- 核心創始人是誰？誰負責管錢？
- 核心團隊的背景與實力？
- 有無關鍵技術、設備或其他資源？

八、營運流程

通常在這個環節中，我會與創業團隊共同討論，透過簡易圖示來呈現商品或服務的金流、物流與資訊流之間的關係，以便透過這樣的圖解流程，很快地掌握這間企業如何將商品或服務送到目標客群手中。

圖解流程不用太複雜，基本上只要能清楚傳遞意涵、讓人理解即可。詳細內容將於第十三章說明。

九、獲利模式

在此環節要說明的是，你的商品或服務會透過哪些方式向目標客群收費。例如理髮師幫客人完成理髮服務後，就能收取服務費。倘若該理髮店還有販售護髮周邊商品，一旦客人購買商品，該店就能從中賺取銷貨收入。因此，該店向客人收取報酬的方式有兩種，即理髮服務費與商品銷貨收入。

除了獲利模式，還要建立預估獲利的模型，以預估未來會有多少收入。以上例而言，假設該店只有一位理髮師，主打快速男士理髮，平均一天可以服務二十名客人，每位客人平均消費三百元，光是理髮這項服務，預估一天的營業額就是六千元。假設一個月休息八天，每月平均工作天數為二十二天，預估一個月的營業額會是十三萬二千元。如果再加上每月販售護髮周邊商品的營業額一萬五千元，預估一個月的營收為十四萬七千元。

這是非常簡單的模擬試算，一般來說，在確認訂價策略、通路策略、行銷策略後，就能依照市場假設做出獲利模型，計算出預估的營收數字。

十、成本結構

計算完獲利模型後，接著要列出該事業的直接成本與間接成本，將成本進行加總，就能提前預估出每日／每月／每年所需投入的成本金額。直接成本指的就是與商品或服務直接有關的成本，例如原物料。間接成本則指與商品或服務沒有直接關係的成本，例如水電費。

關於成本的認列，其實在會計學裡有嚴謹明確的定義，但對創業者來說，並非每個人都具備會計專業，況且在事業草創初期不需要做到太嚴謹的財務分析，所以這裡僅說明商業計畫中的成本結構。

創業者一定要知道每日／每月的最低支出成本，才能確保事業的現金流無虞。

十一、財務預測

財務預測的邏輯就是「獲利模式減掉成本結構」。

在「獲利模式」的環節中，應用預估的獲利模型算出了未來預期的營收數字，將此數字減去成本結構算出的成本總和，就可以預估每月／每年的財務預測數字，而透過財務預測，就能知道三個重要情報：

（一）何時進帳：從開業到開始有營收，大概需要多久時間？在此期間，我需要規畫多少資金來應用？

（二）何時打平：從有營收一直到損益兩平（不賺不賠），大概需要多久時間？在此期間，我需要規畫多少資金來應用？

（三）何時賺錢：從損益兩平（不賺不賠）到穩定獲利，大概需要多久時間？在此期間，我需要規畫多少資金來應用？

我建議至少做一至三年的財務預測，雖然透過預估得出的數字必定與實際數字有所落差，但請務必持續這個動作，因為在逐步修正數字的過程中，你會對自身事業經營狀態愈來愈熟悉，培養出經營者所具備的基本財務控管能力。

我在輔導創業團隊時，為了完成獲利模式、成本結構與財務預測這三個環節，通常我會應用 Excel 來製作表格，透過提問引導來協助創業團隊將各項數字填入，然後利用函數計算出對應數字，非常方便。

十二、融投計畫

如果沒有要對外部溝通對象做商業計畫的說明，基本上可以先不用做融投計畫。無論你的目的是要融資或需要外部投資，在此環節要清楚交待這筆錢會產生的具體效果為何，讓人知道你為何需要這筆錢，以及準備怎麼使用。

如果需要製作融投計畫內容，因為這部分會牽涉到股權結構，不僅需要更專業的財務規畫能力，以及對相應法規的認識，請務必和合作的會計師詳細討論。

以上就是構思商業計畫的十二個關鍵重點，當你實際構思商業計畫時，不妨參照此書中的引導提問，相信一定會大有助益。

有計畫總好過沒計畫！先想清楚再確實行動，根據市場反應即時調整商業概念，才能確保自己能在殘酷的商業世界中存活。

第13章 商業流程規畫，讓你的概念真正動起來

構思完商業計畫之後，雖然有了明確的發展方向，但要讓事業真正動起來，還需要將概念化為具體可行的商業流程，並從中推導出需要哪些資源及準備工作，才會知道接下來如何行動落實。

倘若你的商品或服務很多元，甚至不只一條產品線，建議先從你認為最核心的商品或服務開始規畫其商業流程。因為創業初期的資源與時間非常有限，當最核心的商業流程完成後，並且實際投入市場驗證、累積足夠的經驗值，再著手設計第二條產品線，會是比較穩健的做法。

一個能讓事業真正動起來的商業流程，其內容必須明確回答三個關鍵問題：

一、目標客群如何發現？

二、目標客群如何交易？

三、商品服務如何交付？

以自動販賣機為例，倘若目標客群是景點遊客，首先得思考景點裡哪些地方的人流量最高？最好是人們路過時就能輕易發現販賣機的位置。選定好擺設販賣機的地點後，當口渴的遊客路過販賣機，就有機會成為你的顧客（目標顧客如何發現）。接著選定自己想要喝的飲料，投入對應金額的錢幣，按下飲料下方的按鈕（目標客群如何交易）。飲料自動從機器下方出口跑出來，讓顧客直接拿取（商品服務如何交付），整個流程至此完成。

看完這個案例，是否覺得商業流程規畫其實沒有想像中困難？而以我過往輔導創業團隊的經驗，只要依照接下來說明的商業流程設計步驟來執行，幾乎人人都能設計出屬於自己的商業流程，並以此展開行動計畫，真正開始著手創業。

商業流程設計的具體步驟如下：

一、流程設計

為了方便創業者將腦中概念變成具象化的流程，這裡會運用「商業流程設計圖」

圖 13.1　商業流程設計圖

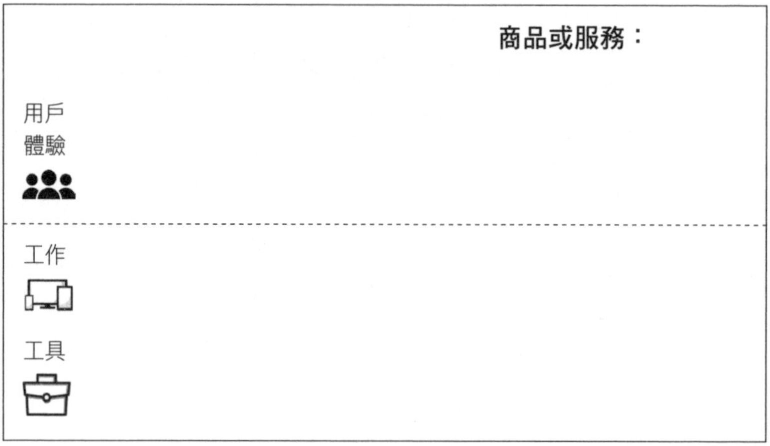

（參圖13.1）的工具表單，這個表單其實是參考「設計思考」（Design Thinking）中的「顧客體驗旅程圖」（Customer Journey Map），進一步簡化並改良成更適合創業者使用的型態。

商業流程設計圖的使用說明如下：

用戶體驗：你希望目標用戶如何發現你的商品或服務？交易的過程為何？商品或服務該如何交付？請列出你希望用戶走的這條理想路徑，就像捷運路線圖，用戶過程中會經過的各個站點，都需要呈現在商業設計圖中。

工作：如果要讓用戶體驗這條理想路徑成真，需要執行哪些工作？請列出詳細的工作項目。

工具：為了讓用戶體驗與工作能夠順利實現，我們會需要哪些資源工具？

接下來，就以我長期輔導的餐飲品牌「品果吧」為例。

（二）設計用戶體驗的理想路徑

品果吧以販售果汁調飲為主要商品，創辦人為一對兄弟，於二〇一五年在中部成立實體門市，多年來在地扎實經營，在當地小有名氣。當時該品牌擬於二〇二〇年拓展新商品，推出手工料理果醬，透過電子商務型態帶來嶄新的市場。

由於要進軍以往沒碰過的電子商務市場，同時又是推出新商品，我透過引導提問，幫助創辦人設計出手工料理果醬的用戶理想路徑：

- 你希望顧客如何發現你的商品？
- 你希望顧客如何與你進行交易？
- 你希望商品如何交付到顧客手中？

接著，我們運用便利貼完成用戶體驗內容（實體會議中，以黃色便利貼呈現）。在這個環節不會先去思考例外情況，比如顧客要求退換貨，然而所謂的例外情況，往往代表著少數案例，雖然日後仍需為此準備對應的客服機制，但我建議在流程設計時，先將心力投入在設計出大多數顧客能體驗到的理想路徑。

（二）根據用戶體驗開展工作項目與所需工具

在完成用戶體驗後，我請創辦人開始思考，如果要完成預期的用戶體驗，需要事先完成哪些工作？需要用到哪些工具資源？請他們分別運用不同顏色的便利貼（實體會議中，以紅色便利貼呈現工作項目，以綠色便利貼呈現工具），完成商業流程設計圖剩下的環節。

由於當時還屬於流程設計階段，我請創辦人在會議中不需要開展得太詳細，只要列出重要工作與必備工具資源即可。

最終，順利完成了手工料理果醬的商業流程1.0版（參圖13.2）。

二、流程執行

完成商業流程設計圖後，創業者就可依此作為行動開展的藍圖，在各工作事項上加入執行日期，變成可具體落實的行動計畫。在此階段，強烈建議創業者先做內部測試，

圖 13.2　商業流程設計範例

商品／服務：
手工料理果醬

用戶體驗	1. 在 FB 看到果醬的廣告	2. 導流到網路商店	3. 點選商品下單購買，收到訂單確認信	4. 收到貨物	5. 加入 Line@，取得再購電子優惠卷	6. 七天後收到邀請信件，填寫用戶回饋
工作	應用既有的 FB 粉絲團，製作並投放果醬廣告	使用電商開店平台，完成後台的金物流設定，架設完成銷售頁	收到系統後台通知，確認存貨及款項	備貨及出貨	Line@ 自動訊息回覆設定	設定自動發信系統，準備線上問卷及優惠序號
工具	FB 粉絲團 圖文編輯軟體	電商開店平台 圖文編輯軟體	電商開店平台	電商開店平台 便利商店 郵局	Line@	自動發信系統 Google 表單

由創業者本人或邀請親友實際完整驗證一次流程，測試過程要當做自己就是目標客群，實際下單來測試各項機制，確保流程正式上線後能帶給目標客群理想的消費體驗。

上述的手工料理果醬案例在商業流程討論會議結束後，創辦人依據商業流程圖，實際將概念落實成真實銷售數字。

三、流程修正

商業流程並非設計完成後就束之高閣，而是需要實際拿到市場驗證、持續優化及改善的工具。創業者可以根據市場的真實反饋，進行修正和改善原有的商業流程，以求最佳的用戶體驗成果。

商業流程設計是非常實務且客製的議題，根據我的經驗，通常一場商業流程設計的輔導會議，至少需要半天時間才足夠，因為討論過程中會牽涉到很多環節，需要與創業團隊一一釐清討論，才有辦法設計出可落實的商業流程。

近年來，國內有愈來愈多人投入創業，但許多創業者雖有很好的創業概念，卻未必知道如何將腦中概念變成具體可操作的行動計畫，或是創業者擁有很強的專業技術，卻未受過完整的商管培訓，導致創業路上吃了不少虧。我希望透過書中提供的簡易方法，幫助更多在創業初期欠缺資源與經驗的創業者，能在創業之前先想清楚，創業之後能讓資源做更有效的配置，提升創業生存機率。

擁有好的商業流程，可以讓事業如虎添翼，成為可複製倍增的生意。

第14章 創業產品規畫的核心思維

有一次課後與學員互動，有位學員不僅組織好團隊，並且已經擁有自己的商品雛型，正準備投入開創事業的行列，可是他又擔心這項商品不符合市場需求。我想，這應該是絕大多數創業團隊都會擔心的事情。

針對這個擔憂，以下幾個關鍵問題有助於創業者進一步思考：

Q1：團隊的優勢強項與關鍵資源為何？

我經常會對創業者做這樣的建議：**在你展開雄心要征服市場之前，請先認識自己！**有時候，就算抓到了商業大勢所在，並且掌握了技術，但這個商業模式如果和創辦人（或團隊）的本質相差太遠，要成功也很困難。因為商業的背後，永遠都是人。

從創辦人（團隊）本身已經擁有的優勢強項去做延伸，反而會是很好的切入點。如果自身還擁有這個領域的一些關鍵資源（例如人脈、技術、專利、軟硬體、資金、通路等），關鍵資源本身就是一個槓桿，也是一種不對等的優勢，誰能掌握這些資源，勝算相對提高。重點是，你是否能靜下心來好好問自己這個問題：關於這個即將展開的事業，我能夠應用的資源有哪些？

先找到這些答案，再去思考如何連結市場會更有效率。

Q2：你們的商品或服務解決了什麼樣的問題或爭議？是為了誰或為了什麼東西而解決？從你們的商品或服務上受惠最多的是誰？

這些問題就更直接了，歸納起來其實就是：你們是否真的掌握了用戶的真正需求？用戶需求通常不會是一次就能掌握到位，因為這是一個進化的科學流程。但講到要讓商品提高銷量，確實有些共同性的思維原則，可供他人評估參考，那就是「硬品質×深情懷×夠直觀×可信賴」。

硬品質——創造口碑的優質商品

由於現代用戶的選擇太多，你的商品要如何才能獨占鰲頭，成功獲得用戶的青睞？

對創業者（團隊）而言，硬品質有可能不會是一次到位，通常這是一個過程，會因應用戶需求做調整。但你的事業能否做得久、錢能否賺得穩，硬品質是個不容放棄的方向。

一切還是得回到原點，也就是你的商品或服務本身的品質是否夠優質，讓用戶用過之後不僅感到滿意，甚至會創造口碑為你宣傳。在創業早期，尤其沒有足夠廣告資源的情況下，如果你的商品本身能靠用戶口碑來借力使力，你的創業路途就會順暢許多。

當用戶在商品上接收到新奇、美好的現實體驗大過於先前的期待，心理上就會產生落差，導致感情的平衡點崩塌。而為了恢復崩塌的平衡點，於是想找人說話，否則無法靜下來，這就是口碑的原動力。

以店面為例，就是要讓顧客進入店後產生「那是什麼？」、「居然做到這樣！」的驚訝感，於是就會使情緒平衡崩潰，腦袋呈現真空狀態，然後準備接受全新的資訊。這個觀點在中國手機品牌「小米」身上得到證實，他們很早就知道一個道理：商品是一，行銷是零。

如果你的商品品質夠犀利，在某個環節極致到讓競爭對手難以超越，那麼在網路世界中，你就容易被放大十倍，甚至千倍。行銷做得再好，如果沒有商品力的支持，一切只會事倍功半。

深情懷——引發情感連結的好故事

講白了，就是故事行銷，特別是在物質過盛的時代，一切還是要以人為核心，如果無法引發用戶的情感連結，就很難吸引用戶持續購買。

當商品有了硬品質的基底（硬品質是根本），你還必須有一些感性面的訴求，激發用戶願意採取行動，讓他們相信，選擇你的商品其實是選擇支持你的良善信念。

引發用戶情感連結的好故事，來源可以是：

- 你如何發現一個待處理又讓大眾有共鳴的議題。
- 創辦人（團隊）成立事業的初心理念。
- 你分享了商品從零到一的心路歷程。

對用戶來說，誠摯和純真是人們共同欣賞的特質，無須太多華麗詞藻去包裝。因此描述故事的文筆好壞是其次，重點是引發你採取行動背後的動機是否良善且獲大眾認同，其關鍵是你所說的內容是否夠真實，以及發自內心流露的情感是否夠真誠。

夠直觀——不需費力解釋的商品印象

這是一個群眾缺乏耐心和專注的時代，所以當一個商品文字、影片或圖片在網路上映入眼簾時，用戶的內心對話可能是：「這是什麼東西？」「這跟我有什麼關係？」「這名稱和標語我有興趣嗎？」

以上如果有任何一個環節讓用戶產生遲疑，無法吸引他們注意並進一步了解，基本上你的商品就已經揮棒落空了。如果用戶無法在最短時間內了解到「你的商品到底是什麼」，代表你推廣市場的力道要用得更強，才能讓人們了解這個商品帶來的好處，並激發他們的購買慾望。

那麼，你希望目標用戶聽到或看到你的商品時產生什麼樣的印象？不妨具體寫下你的答案。同時添加一些能夠表達視覺、聲音、感情的詞彙，一邊思考一邊將想到的寫下來，並圈起重要的關鍵字進行組合。接著從組合中找出命名的候補項，將下列觀點進行校正：

- 無論是文字、影片或圖片，用戶可否直接理解商品？
- 用戶能否接受這個商品？是否符合他們的目標？

- 使用的語言是否為用戶所熟知？是否順口好唸？
- 看完文字、影片或圖片後，能否能將商品留在記憶中？
- 看完商品文字、影片或圖片，是否容易浮現記憶中的畫面？

以上觀點校正完畢後，建議暫時擱置一旁，隔天再憑直覺感受自己是否滿意，然後拿給目標用戶一一測試。透過這樣的方法，由於夠直觀，用戶才容易有感受，因為人們對於自己陌生的事物是很難被激發行動的。

此外，必須要提醒的是，不要去做需要「教育市場」的生意，因為教育市場等於改變人們舊有的習性，是一件非常燒錢的事。即便是財力雄厚的大財團，也未必能如願地成功教育市場，因為人們對於嶄新的商品與服務往往望之卻步。倘若沒有雄厚的資金作為教育市場的本錢，建議創業者選擇「不需要教育的既有市場」，也就是當這個商品推出到人們面前時，不需要額外費力地解釋「這商品是什麼」，只需要把心力聚焦在如何對用戶說明「為何要選我」。

舉例來說，如果今天要創立炸雞排的新品牌，我不需要花心力向大眾解釋什麼是雞排，因為幾乎人人都知道，我只要把重點放在「我家的雞排和別家雞排店有何不同」。

可信賴——建立完善的顧庫服務

人們在選購一件商品或服務時，內心通常會有五點擔憂：

一、**怕被騙：**廠商會不會先收了錢，貨沒出就消失了？

解決方案：完善的公司簡介／創業者故事、讓人們安心的客服聯絡方式、受到信賴的第三方合作夥伴（金流與物流系統）。

二、**怕被坑：**這個價格真的合理嗎？會不會被貴到？甚至買到瑕疵品？

解決方案：與競爭對手的比較分析表、對於售後服務及退換貨流程的詳盡說明。

三、**怕沒效：**我會不會是第一個白老鼠？之前有人用過嗎？

解決方案：在事業初期，請努力蒐集每一個正向的用戶回饋，積少成多，口碑就會慢慢發酵。

四、**怕麻煩：**這商品的來路是否正當或安全？會不會給自己惹上不必要的麻煩？

解決方案：標示商品來源及原物料產地資訊，商品本身若涉及專業技術層面，一併提供可靠可信的佐證資料、相關認證。

五、**怕複雜：**這商品是不是很難使用？結帳／退換貨流程會不會很繁瑣？

解決方案：讓人一目了然的使用說明、簡潔方便的結帳流程。

以上五點擔憂，即便商品再好，只要人們心有顧慮，也不容易下手購買。所以創業者務必要在售後服務上下足功夫，扎實經營顧客關係，才能讓每一個新客變成熟客。

如果你事前有針對用戶及市場做了相關調研，加上你的商品能夠掌握「硬品質、深情懷、夠直觀、可信賴」這四大思維方向，而且因應市場反應的速度夠靈敏，你的商品相對來說較就容易走進市場，進而提高銷量。

應用「硬品質、深情懷、夠直觀、可信賴」四大思維，來打造你的創業核心商品。

第四部

賺到錢

每個人都該學會的小眾行銷思維

- 做生意要學會的集客行銷思維
- 小資創業最可行的客服策略
- 應用袋鼠思考法，累積目標客群

第15章

做生意要學會的集客行銷思維

我在輔導創業團隊時，發現大多數人在創業初期最欠缺的資源就是錢，我想這是所有創業者都須面對的考驗。但既然走上創業這條路，不管過去的專業領域為何，在創業初期，商品和行銷就是公司的命脈。

商品的優劣成敗，會直接影響企業是否能在殘酷的商業世界中存活。很多創業家都把多數的心思放在商品上，遺憾的是，只有商品好，不代表創業會一帆風順，許多時候之所以會失敗，是因為花太少時間在市場行銷上。

因此公司在初創階段時，就要努力把商品販售出去，否則沒辦法為公司創造正向的現金流。尤其初創公司並不像大型企業有豐厚的資金家底，很容易因為資金周轉問題，讓創業以失敗告終。

初創企業的關鍵行銷布局

為什麼我們需要創業行銷思維？和傳統的行銷思維有何差異？

過往所學到的行銷理論，多數以「大企業框架」下的知識技能為主，但若拿這些理論知識硬套在初創公司上，則會有格格不入的感覺，因此需要更精準、更直接有效的創業行銷思維。以下分享四個適合初創企業的關鍵思維，希望能幫助創業者在規畫行銷布局時真正做到行銷成效，讓公司創造更多正向現金流。

一、選對集客管道才有成效

若把目標用戶比喻為魚，那麼用戶名單就像魚池，這就是行銷領域中常聽到的「魚池理論」，由美國行銷大師傑．亞伯拉罕（Jay Abraham）所提出，非常適合應用在創業行銷。

首先要思考的的核心問題是：你想要的魚從哪裡來？我曾輔導過一間傳統工廠，老闆抱怨網路行銷一點用都沒有，我很好奇是什麼原因讓他感觸這麼深。原來並非網路行銷沒效果，而是他沒有選對集客管道，浪費了很多資源在錯誤的集客管道上。這間工廠的核心業務是金屬加工，也就是「企業對企業」的業務型態，卻聽從他人建議在社群媒體投入大量的行銷廣告預算，也就是「企業對消費者」成效較佳的集客通路。這正是在沒魚的地方釣魚，就算窮盡洪荒之力，下場也是慘不忍睹。

一般常見的行銷通路管道，包括實體通路、官方網站、ＦＢ、Google關鍵字、電子郵件、Youtube、LINE、聯盟行銷、部落格、APP、名人／網紅／團媽／親友推薦、網路平台廣告、電話行銷、各種媒體廣告、用戶口碑推薦、商業展覽等，但究竟哪個管道真正適合，只有自己知道，更確切的說法是，只有試過才知道哪個通路才是真的有效。

就算是同一個產業，不代表同行適合的集客管道一定適合自己，只能說同行用過的集客管道因為可以對照參考，相較之下可能比較有效。

其實並不需要所有的管道都去測試，我的思考邏輯如下：

- 考量到產業生態與顧客屬性，哪些集客管道可以優先刪除？
- 考量到自己當前資源與預算，哪些集客管道可以先不考慮？
- 參考同行的廣告行銷，哪些集客管道可以優先測試？
- 評估商圈與市場規模，哪些集客管道可以嘗試？

我的做法就是先刪去、再選擇，如此可以節省很多測試成本。當你測試過集客管道之後，便鎖定成效較好的一至三個管道進行行銷布局，但切記，不要把所有雞蛋都放在同一個籃子裡。當所有的行銷資源都押在單一集客管道時，風險是很高的，因為市場千變萬化，萬一某個集客管道失去效果卻沒有其他管道可以繼續維持成效，生意就會受到很大的影響。

回到魚池理論，我整理了自己所學，加上實際操作過的經驗，整理成如下心得，提供你依照自己的業種業態來靈活應用：

（一）**用戶：定義你要的魚，在有魚的地方才會釣到魚**。如何定義目標用戶，相關內容請參第十章。

（二）**名單：製作對的魚餌，讓大量的魚進到你的魚池**。製作對目標用戶有價值的內容，在正確的集客管道上導引流量，讓人們對你的商品或服務產生興趣，進一步願意留下聯絡資訊或索取試用品。這是十分關鍵的一步，也是與目標用戶開始建立信任的第一步。

（三）**轉化：在你的魚池裡用塗滿魚餌的漁網捕魚**。目標用戶留下名單，不代表他會願意付錢購買商品或服務，此時需要準備一個「磁石商品」，提供目標用戶清晰明確的價值，滿足他們的需求或痛點，就像被磁鐵吸引般，讓目標用戶願意從旁觀者變成實質付費的顧客。所以門檻不宜設定太高，要讓目標用戶不用思考太久就願意付費嘗試，因為此刻的重點在於完成轉化，而非衝高營利。

當用戶購買了磁石商品，有了基礎的信任關係，再慢慢吸引他們購買更進階的「價值商品」，而這才是真正獲利的核心。會願意購買價值商品的用戶，代表他們對商品或服務有一定的信任度，也是你需要更重視的一群人。

根據各種不同的業種業態，考量到商品價格不一，不是所有產業都需要先磁石商品再價值商品，對商品或服務原本售價就較親民的創業者來說，甚至可以略過磁石商品，直接以價值商品一決勝負。但如果商品或服務的售價較高，則建議做商品分級規畫，初級商品作為磁石商品，中高端商品則作為價值商品。與其讓用戶一直停留在留下資訊、因價格猶豫太久而不願下單的狀態，不如有個售價相對低的磁石商品提供選擇，反而更容易讓用戶完成轉化。

（四）維繫：平時就要餵魚，讓活著的魚比死掉的魚多。此即所謂的顧客服務。我們一般常說「成交之後才是生意真正的開始」，千萬不要讓顧客感覺你只是賺完這一次錢，就不想再繼續理會他，要想辦法讓顧客變成回頭客，再從回頭客變成熟客，後續的顧客關懷與售後服務必不可少。

有些公司的生意愈做愈辛苦，就是因為不重視顧客服務。所以，努力開發新客源不如好好經營老顧客，才是真正的生財之道。

（五）篩選：分析你的魚池，篩選出更有價值的魚。根據手上的顧客名單，針對忠誠顧客／粉絲提供最高階的「尊榮商品」，這裡的關鍵在於，篩選出對公司真正有高價值的顧客。過往會運用分級會員制度分成一般會員與VIP會員，提供限定VIP會員專屬的「尊榮商品」，讓他們感受到自己備受重視。同時也刺激一般會員若欲享受到「尊榮商品」，進階到VIP會員就能同等受惠。

（六）擴大：和別人交換魚池，讓彼此的魚群變更多。魚不見得要自己釣，也可以透過聯盟合作來擴大彼此的魚池。此部分內容將於第十七章做完整說明。

（七）優化：定時更新魚餌和漁網，讓你的魚保持新鮮。這裡談的是商品研發與創新，在不違背公司價值主張的前提下，於商品與服務流程上多下功夫，讓顧客感受到新鮮感，同時了解到自己長期支持的公司是一間會追求持續成長的優良企業。

二、近身追擊，深度經營

比起一般大型企業在做的行銷規畫，創業行銷更講求的是精打細算，要求每一分錢都要花在刀口上。所以該採取的行銷策略，反而要比大型企業更貼近目標用戶，以近身作戰方式，也就是在深度上取勝。大型企業拚廣度、狂打知名度，初創企業就拚深度，鎖定目標用戶來往，當顧客的好朋友。

大型企業知名度高，但容易給人距離感，所以初創企業提供的服務要更親切及客制化，也就是採取走心策略，對顧客展現有溫度又親切的一面。

舉例來說，許多觀光景點雖然大飯店林立，周遭民宿的生意卻絲毫未受影響，這是因為大飯店雖然設備佳、服務好，但民宿老闆只要用心經營光顧過的顧客名單及喜好，反而更能給人賓至如歸的感覺。

再弱小的企業，只要能站穩一方之地，未嘗不能與國際品牌一較高下！

三、不只賣商品，更要賣價值

這個世界上最不缺的就是各式各樣的商品，身為消費者是幸福的，因為有很多選擇。但當你賣的商品或服務和別人一樣時，憑什麼目標用戶會選擇你，而不是選擇其他同業？

如果停留在販售商品的層次，就容易同質化，甚至被取代。所以要轉變成賣價值的層次，尤其現在的消費者很討厭強迫推銷的方式，所以更要一反過去的行銷思維，把焦點放在如何吸引目標用戶對你產生興趣，以及如何吸引目標用戶對你商品背後的價值引發共鳴，而非一味地強調商品功能與優勢。

老王賣瓜的行銷方式將不被消費者青睞，應該用引導的方式來做行銷，針對目標用戶的需求及痛點，塑造用戶有感的使用情境，方便用戶對你的行銷訴求更能對號入座。當你將用戶在使用情境中的痛點與不便一一呈現出來，再讓他們知道你「深有同感」，於是提出了「有價值的解決方案」，為的就是讓用戶解決問題，遠離痛苦。「**同理心**」**才是觸動消費者按下購買的關鍵，因為他們相信你是認真在幫他解決問題**。

另外，我們要將商品背後的理念和精神作為行銷規畫的一環，也就是消費者不僅在意你是否能真正解決他們的問題，也在意你提出這項商品背後的原因。這就是我常提到的企業理念與品牌故事，功能與數據只是強化消費者的理性判斷，但要激發共鳴，商品的開發動機和一路以來的創業故事，才是能讓他們對你的商品產生情感的因素，因為你提出的不是一個冷冰冰的商品，而是發生在你我周遭的生命故事。**在這個時代，消費者不僅是購買你的商品，也是透過購買的行動支持商品背後的精神理念與核心價值**。

我在創業輔導過程中，經常會與創業者分享這句話：表面上，你販售的商品只是連結你和用戶的媒介，事實上，真正的商品是創辦人的信念與用心。我會請創業者好好思考這個問題，一旦理解並找到答案，不拘泥於物質功能與理性優勢，你的商品才會有靈魂，才能得到大眾的支持與信任。

四、強化用戶體驗，創造轉介

這個時代的許多行銷書籍不斷提到一個重要概念，那就是「用戶體驗」，這會是創造口碑和建立品牌很重要的關鍵因素。當商品的用戶體驗佳，你做任何事就容易事半功倍；但若商品的用戶體驗不佳，即便費了許多力氣在行銷和宣傳，只會讓你的瑕疵愈來愈明顯。所以經營事業切不可忽視用戶體驗，要積極做好用戶體驗。

由於是初創企業，在有限的行銷預算裡，不應該盲目地擴大客群，而要把焦點放在讓商品為現有顧客提供更好的服務，創造更好的用戶體驗，並且願意持續消費。

在做好用戶體驗的前提下，務實地衡量自己能服務多少顧客，善用現有顧客的轉介，才會讓生意愈做愈輕鬆。那麼如何創造顧客轉介的機會呢？

（一）**好康逗相報**：做到言行如一固然重要，但只是建立信任的基本，不會讓顧客有想要幫你轉介的欲望。關鍵在於「妥善控制顧客的期望值」，如此才容易帶給用戶超乎預期的體驗，忍不住想把這個好康分享給重視的人。

（二）**使用即宣傳**：用戶在使用商品的過程中，有無機會讓別人看到？這個原理就像百貨公司提供的購物袋，當顧客消費完離開時，路人看到購物袋就知道百貨公司的週年慶活動或其他行銷活動。尤其在這個自媒體時代，很多店家會提供一些額外優惠，希望顧客透過拍照打卡達到宣傳目的。

（三）找到口碑推廣源：找到用戶裡的意見領袖或是有影響力的人，他們的推薦往往比廣告還有效果。例如我因為工作關係，長期背著筆電行囊到處奔走，一整天下來總是腰痠背痛，直到我買了一款背包，終於改善了長期的困擾。後來每當有同樣困擾的朋友試背了這個背包，馬上就會下單購買，這不僅是口碑推廣的結果，也是典型的使用即宣傳。

（四）給予明確的轉介好處：這裡指的是承諾現有顧客轉介後可以得到的好處，換句話說，即「互惠」。顧客希望得到好處，你則是希望得到他們的轉介，乍看之下，提供顧客好處來實現轉介好像需要不少成本，但換個角度思考，這種老顧客轉介操作其實比你買廣告招攬新顧客還划算。

像雲端備份工具 Dropbox 初期就善用用戶轉介的威力，只要用戶邀請一位朋友註冊使用，該用戶就能免費獲得額外五百ＭＢ的儲存空間，最多可累積到十六ＧＢ。透過這樣的互惠機制，Dropbox 讓用戶註冊數大幅成長，可謂是互惠雙贏的成功案例。

創業之路艱辛無比，學會正確的創業行銷思維，才能讓自己的初創事業得以發展茁壯！希望以上四個關鍵要點，能幫助你在創業路上少走冤枉路。

選對集客管道來深度經營，主打價值與用戶體驗，
創造更多轉介，才能讓生意愈做愈省力！

第16章 小資創業最可行的客服策略

顧客服務向來是企業創造口碑與品牌的核心關鍵，但對剛成立公司的創業者來說，縱然有心做好顧客服務，卻苦無資源與經驗，即便學習大企業的做法卻往往不得其法，結果畫虎不成反類犬。

大企業因為商品標準化，服務客群廣泛，所屬的客服人員都有公司規範的標準服務流程，可以兼顧效率與確保一定的服務品質。然而儘管容易做到位，卻未必能做到顧客心坎裡，有時太過專業標準的服務，反而讓顧客有距離感。

雖然小公司／創業團隊的資源與經驗遠不如大企業，但因為初期顧客數還不夠多，只要願意在顧客服務下功夫，反而容易帶給顧客更深刻的印象。對創業者來說，應該把握初期「小而美」的優勢，將顧客服務做出自己的風格。

那麼，什麼樣的顧客服務策略最受用？答案是「款待」。簡單來說，款待策略是小企業能夠超越大企業的祕密武器，提供顧客超越制度化的服務。當還是小公司的時候，不要急著一下子服務太多顧客，反而應該想一想，如何照顧好現有為數不多的顧客，讓他們成為你的擁護者。

要做到款待，有兩個重點：

一、把關係做進來，而不是只想著把商品賣出去

大多數人做生意，想的都是如何把商品賣出去，這樣的思維固然沒錯，但容易讓人把重點放在「完成交易」，而非「延續客情」。

想想看，當一個交易完成後，你希望後續和顧客延伸出什麼樣的關係？如果只是單純的商業買賣關係，你可能很難再從顧客身上賺到其他錢。而且既然彼此沒有「情」，當有其他替代品出現時，他也沒必要再繼續支持你的商品。

所謂的「把關係做進來」，其實就是思考當一個交易完成後，你還能多做什麼讓顧客感受到「被在乎」，而不是每次看到你的信件都是滿滿的促銷內容。當顧客支持了你的商品，不要急著再賣給他更多東西，你可以換個角度，分享更多你認為對他有價值的資訊，例如與商品相關的知識或公司的成長心得，讓顧客更認識你與團隊。

如果你是經營電子商務，除了利用系統設定在交易完成後自動發信，分享前面提到的內容，也可以在重大節慶時寫下感謝祝福，並寄出卡片給顧客。創辦人以感恩心情親手寫卡片給初期相挺的顧客，在這個網路時代已十分少見，但也因此讓顧客感覺到你就像他的老朋友。寫卡片只是方法之一，只要掌握其中的重點，還有其他很多方法可用。**網路愈發達，創業者反而要更靠近你的顧客。**

如果你是經營實體店面，那就應該好好記住每一位熟客，和你的顧客之間建立類似朋友的關係，像是適時地噓寒問暖、唸出對方的名字、記住他們的喜好，有空時多和熟客聊天，很容易就在閒聊之中跑出寶貴的情報，你可以因此知道原來顧客是這樣看待你的商品。

例如第十三章提到的品果吧，老闆觀察到上門的顧客有不少比例是女性，有些甚至懷孕時期也會專程來買果汁，於是細心記下她們的預產期，為她們準備「寶寶禮盒」，裡面裝了新手媽媽常用的東西。雖然這些東西都不是很昂貴，重點是讓顧客感受到這份用心。**你愈細心，顧客就會感受到你的用心。**

二、對外的行銷語氣，要像個活生生的人

試問你和好友聚在一起時，都會聊哪些話題？應該大都是日常生活瑣事、關心彼此近況。如果有位朋友每次見面都只想賣你東西，你還會想和他保持聯繫嗎？應該沒人喜

歡這樣被對待吧。

同理，不難理解為何有的創業者總在粉絲團倡導商品功效、積極宣傳新檔活動，粉絲按讚數和回應數卻寥寥無幾，正是因為這些內容很無趣，如果你的顧客此刻的需求不夠強烈，自然不會感興趣。因此，請用聊天的方式分享日常，讓你的品牌像個人，而不是單純商業性的存在。

我曾經做過測試，請創業者停止分享商品功效與宣傳活動，而是他個人的心路歷程、日常所見所聞，結果居然出乎意料，這種看似廢文的內容，居然得到很多人點讚與回應。這是因為這類貼文更貼近粉絲的日常生活，才像是朋友相處會談的話題。

我經常跟創業者分享一個重要觀點，即在事業前期，創辦人的個人品牌會帶動公司品牌成長。由於人們對初創公司的商品或服務存有擔憂與遲疑，這時創辦人的知名度、創辦理念、專業程度、人脈及相關資源等就會是公司初期成長的關鍵。更務實地說，顧客之所以會在初期願意掏錢購買，未必是因為商品或服務本身有多好，而是因為信任創辦人。

所以，創辦人若願意分享創業以來的心路歷程，反而會拉近顧客與品牌的距離。從心理學角度來看，當你對另一人的了解愈深入，就愈容易有信任感及好感，而這兩者恰好是初創事業十分需要累積的資產。

記得，**創辦人的個性、風格、信念及溫度，是初創公司不可取代的競爭力。**

透過款待走入顧客心坎裡，
小公司也能做出不輸大企業的顧客服務品質！

第17章

應用袋鼠思考法，累積目標客群

前面兩章深入探討了對創業者很重要的行銷策略與顧客服務，本章要介紹另一個威力強大的行銷密技，這也是我用過最具成效且最能持續帶來客源的集客策略，那就是「袋鼠思考法」。

為何叫做袋鼠思考法？這要從袋鼠的習性來解釋。袋鼠寶寶剛出生時是屬於早產胎兒，因此需要在袋鼠媽媽的育兒袋中發育。這不就像剛起步的創業者？要想事業茁壯，除了創業者本身努力是必要條件，也可以透過外部力量的資源支持，就像袋鼠寶寶與袋鼠媽媽的關係，幫助自己穩定中成長。簡言之，袋鼠思考法可以幫助創業者在創業初期用最短的時間、資源與資金成本，透過與其他單位的聯盟合作，快速取得顧客名單，並提升業績的成效。

袋鼠思考法的核心邏輯

袋鼠思考法的觀點並非我自創。我在創業初期曾進行一些合作專案，有的專案達到預期成果，有的則以失敗告終。雖然過程跌跌撞撞，也累積了不少經驗和心得，但不知如何轉化成可重複操作的執行步驟，那意謂著我將來面對同樣的合作專案時，得一直土法煉鋼、持續試錯，一直到我發現可以反覆操作和檢驗的方法流程為止。

後來我無意間讀了丹尼爾・迪皮亞扎（Daniel DiPiazza）所著的《複業時代來了》（*Rich20Something*），解答了我多年來的疑惑。書中提到的袋鼠思考法讓我知道為何過往有些合作能順利，有些合作卻一開始就注定失敗。作者歸納出明確的四大步驟，提供讀者依循和實做。於是我以書中理論為基礎，加上自己多年的實操心得，將四大步驟略做改良，以貼近華人創業實務情境。改良後的四大步驟有更強的實操性，可以在創業初期用最少的投入、得最多效益的槓桿操作，為創業者帶來大量的顧客名單。

我已經幫助很多創業者應用袋鼠思考法發現原本思考不到的客群，而且非常有效。不管你的事業發展到什麼階段，只要搞懂袋鼠思考法的核心邏輯，就能持續為自己的事業創造更多業績與客源。

步驟一：研究市場，明確定義你要服務的目標客群

前面曾說明過，在構思商業模式與行銷規畫時，首先必須了解自己到底要服務的目標客群是誰，唯有清晰定義你的目標客群，才會知道後續該怎麼做行銷規畫。袋鼠思考法的第一步也是最最關鍵的一步，就是要明確地將你的目標客群描述出來。如果第一步的方向踏錯，就別期待往後的路會是正確的。

步驟二：哪些單位擁有目標客群（無競爭、互補、相關）

進行第二步驟時，要開始思考一個問題：哪些單位此刻擁有你的目標客群名單？也就是在創業初期，雖然你尚未有這些目標客群的名單，但這些單位已有你想要的目標客群，這些單位就相當於袋鼠媽媽的存在。

想清楚這個問題後，接著思考第二個問題：你的事業該如何與這些單位創造連結？簡單來說，就是要想清楚自己到底有哪些資源與籌碼，會讓這些單位願意與你展開合作。有個關鍵小祕訣，也是思考轉換最重要的一部分，即**你的主力商品或服務，就是他們的周邊商品或附加服務**。

也就是說，你和對方之間並非同業競爭關係，彼此商品或服務可以互補；或是你們剛好就處在同一個產業鏈，彼此的商品或服務息息相關。當這個前提條件確實存在時，只要對雙方確實有利，就容易成為合作的盟友。

在這個步驟中，如果可以運用團隊腦力激盪的方式，善用群眾智慧，就更容易找到更多的袋鼠媽媽候選名單。一旦出現候選名單，就要思考第三個問題：哪些單位目前適合優先合作？

先把候選名單一一列出來，根據目前自身狀態，找出哪個單位是你第一步該去洽談合作的對象。

步驟三：設計出吸引人的合作提案給那些單位或其客戶

也就是針對你想要合作的單位，設計出吸引對方的合作提案，讓這次合作可以更順暢地開展。

在事業初創階段，由於創業者沒有太多資源，也沒有太高的知名度，難免會讓人心生疑惑，懷疑這些單位是否真的會願意與自己合作。建議你先放下疑惑，很多事情如果沒有真正開始去做，又怎麼知道最後結果呢？尤其創業本來就是從零到一的過程，創業者要想辦法把不可能變可能，所以應該往好處思考，至少眼前有個目標方向，是具體可以挑戰的難題，而非徬徨無措。與其遲疑，不如將心思投入如何與對方創造雙贏的結果，以下有一些具體的思考方向：

- 這個單位的主營業務是什麼？主力商品又是什麼？
- 這個單位最在乎什麼？最想得到什麼？想解決什麼問題？
- 你的商品或服務是否能補足這個單位的弱項？
- 與你合作後，雙方如何創造營收，或提高對方客群的滿意度？
- 具體合作的內容為何？彼此要為這個合作付出什麼？
- 與你合作後，利潤如何拆分？
- 你有哪些資源與優勢是對方可能需要的？
- 要達成合作，對方有哪些資源是你需要的？
- 這次合作有哪些創意和亮點？

以上僅列舉一些合作前就該想清楚的問題，以及構思合作提案時所必須思考到的重點，盡可能面面俱到，才能提高合作專案的成功機率。要讓合作提案吸引到對方目光，既是經驗也是一門藝術，提案設計是否吸引人，與創業者的企畫能力、問題解決能力、資源整合能力、簡報設計能力、溝通協調能力有關，而這些能力是提案設計能否成功的關鍵，如果創業者在這些能力上有所欠缺，不妨尋求有經驗的前輩或親友幫忙。提案外包可能需要一點成本，但為了讓合作順利成功，讓事業創造長期有利的成效，有時這點錢是得花的。只要提案內容能讓這些單位覺得與你合作有利可圖，或是增添新的服務項目以鞏固他的客群，基本上提案通過的機率就會大增。

創業者初期與這些單位展開合作時，有可能會比較辛苦，尤其若要合作的單位規模較大，請好好思考為何這個機構會願意和你這個初出茅廬、名不見經傳的創業者合作，正是因為你的提案對此機構來說百利而無一害。如果對方可以用最少的成本、現有的資源、最少的人力與你合作，還能得到他們想要的結果，那為何要拒絕你呢？

真正吸引人的提案，就是好到讓對方想不到拒絕你的理由。因此，要降低對方與你合作的風險與障礙，首先得讓對方安心，對方才會順你心。

如果你要和大單位合作，請做好覺悟，畢竟你想要他們的資源與顧客名單，又是你主動提出的合作，所以不要怕麻煩和辛苦。為了長期的效益著想，請務必牢記，要讓大單位的承辦窗口感覺與你合作後可以減少他們很多麻煩，可以幫助他們省時省力，甚至可以透過合作幫助承辦窗口達到個人關鍵績效指標（Key Performance Indicators, KPI），如此一來，他們就會樂意成為你的盟友。

步驟四：持續合作，累積自我資源，同時創造多贏局面

第四步驟就是延續前三個步驟，持續與對方合作，加深合作關係，變成商業上關係

鞏固的盟友。透過這種持續合作，不僅可以幫對方創造利潤，你自己的顧客名單也會持續增加，這就是合作後帶來的雙贏局面。

袋鼠思考法的應用實例

如今袋鼠思考法已深入我的DNA，經常用在輔導創業團隊的會議中，因為對創業者來說，這個方法會是一個有效的集客策略。

我曾經應用這個方法，在一次的輔導會議當中，幫助一個創業團隊思考如何找到可以發展的下一步。該團隊的主要商品是提供用戶有關汽車維護保養的手機APP，基本功能是免費的，但若要用到更進階的功能服務，則需要加購。APP中也會推薦用戶購買汽車維護相關商品，用戶在APP中的每一次購買行為，都能抽成獲利。

這個APP上線已有一段時間，累積了數萬名用戶的數據，目前遇到的難題是行銷廣告模式，不僅廣告成本逐漸提高，用戶的增長數量也遇到瓶頸，畢竟對此團隊的商業模式而言，APP的活躍用戶愈多，自然可獲利的空間就愈大，所以他們需要更有效率的集客策略。

基本上，這個APP發展已有一定的基礎，在此前提下，找尋能夠聯盟合作的袋鼠媽媽就相對容易，畢竟比起剛創業的團隊，該團隊應用袋鼠思考法的阻力會較小，也會更快看到成效。

於是在那次的輔導會議中，我請團隊分享 APP 最大宗的活躍用戶是哪些族群，以及該族群有哪些特徵、有哪些興趣嗜好和有哪些消費行為。根據 APP 的後台數據資料庫顯示，最大宗的活躍用戶為三十至四十五歲男性，八〇%擁有大學以上學歷，職業多為辦公室白領階級，任職產業則以科技資訊業為多數，而且是已婚有家庭，平日會開車上下班，假日則開車全家出遊，這個族群對於車輛保養、車輛油耗及行車安全等主題會比較感興趣。

雖然用戶輪廓還不算清晰完整，但創業團隊一時之間就能馬上回應出用戶資訊，代表他們平時就很注重相關用戶數據，所以這些資訊足以應用在袋鼠思考法的思考推演。

接著我請他們進行腦力激盪，思考有哪些單位可能擁有該 APP 活躍用戶的客群名單。過程中，大家用便利貼寫了將近十個單位，最後找到了可以優先嘗試合作的單位，那就是二手車行。

一般人在購買二手車時，除了價格考量之外，車輛性能也是在意的重點，但這一直是車行與消費者之間容易產生誤會及糾紛的部分。對二手車行來說，如果有個工具能幫助他們減少這種糾紛，相信是樂見的結果。

如果該團隊的 APP 與二手車行合作，由於兩者間並無直接的同業競爭關係，往後只要車行賣出一輛二手車，交車時提醒用戶免費安裝這個 APP，一來可以幫助車行多提供一項額外服務，二來對車主來說，由於 APP 可以記錄油耗程度，就能提醒車主達到一定里程數時要進行保養維護，同時因為可以記錄車輛狀態，即便有故障事故發生，也有相關數據可供查詢，自然能降低雙方發生糾紛的機率。這樣的合作對雙方來說，都是有利有圖。

這個案例是我在時間有限的顧問輔導會議中，帶領創業團隊應用袋鼠思考法，重新思考如何拓展新的集客管道。對創業團隊來說，車行等於是一個新的集客管道，不需要太多成本，只要雙方合作順利。當然，這樣的合作模式如果能夠執行成功，是可以推展到更多車行。對創業團隊來說，袋鼠思考法幫助他們看到一個新的可能性，往後只要應用這樣的思考邏輯，就能展開更多帶來用戶增長的合作專案。

我自己也是袋鼠思考法的受益者，曾經好幾次應用這套方法與大型單位展開合作，當時我也是資源與知名度不足的創業者，但只要抓到對方的需要，一樣能夠設計出吸引對方的合作提案，順利開展自己想要的合作成果。

如果你懂得應用袋鼠思考法，就會愈來愈熟練如何透過合作去得到雙贏局面，尤其應用在生活與工作中，你會發現有很多機會因此迸現。其實，真正聰明的創業者不見得凡事親力親為，只要善用外部資源，應用袋鼠思考法的四大步驟，你可以以小博大，創造更多有利的合作成果。

善用外部資源借力使力，設計讓對方無法拒絕的合作提案，共同創造雙贏局面！

第五部

能發展

從一個人到一群人，讓工作變事業

- 避開創業地雷，提高生存機率
- 找到神隊友，事業才會順
- 團隊要成長，需要一個直諫者

第18章

避開創業地雷，提高生存機率

這幾年投入創業的人愈來愈多，特別是許多上班族發現自己可能無法在一間公司終老，所以積極謀求其他出路。我也接到一些上班族找我諮詢，他們對於未來事業通常已有初步規畫。當然也有些人感到迷惘，問我有沒有容易創業成功的方法。坦白說，這問題是個陷阱，因為世界上根本沒有「創業必勝方程式」，倒是我很願意相信有「創業必敗方程式」。

我曾與一些創業有成的前輩交流，發現真正能幫助人們創業成功的關鍵其實一點都不神奇，因為內容過於樸實，很多人根本聽不進去，只想聽到快速有效賺大錢的神奇配方。諷刺的是，愈是追求這些配方，愈是得不到想要的結果。

既然沒有創業必勝方程式，那麼是否有提高創業成功率的方法？答案是有的。在我遇到的創業成功率較高的例子中，其實存在一些共通性，只要避開那些顯而易見的創業地雷，至少在前期階段就能提高生存機率。以下是我想分享的五個面向實戰經驗心得。

關於市場的實戰法則

先有業務再創業

如果你未來想在某個產業立足，那麼你在正式創業之前，請先設法積累該產業的經驗，並收集相關資訊。可以的話，最好先進入該產業實際工作，以積累自己的經驗與資源。而且更美好的是，你在這個產業和專業領域摸索的學費都由你老闆付了，不用等到日後真正創業時，因犯錯而繳了昂貴的學費。當你具備產業知識、客戶資源管道，有了獲利模式，這時再去創業，成功機率自然提升許多。

事實上，**許多事業有成的創業者，都是在想要創業的領域或產業累積一定的「熟練度」，再進行創業**。只有當你熟悉規則要領和環境，才有機會創造卓越的成果。

選擇銷售週期短的商品或服務，初期的現金壓力會較小

這裡的銷售週期，是指從尋找潛在客戶到最後客戶付款的整個流程，過程中再細分成不同的階段，以利作為業績管理的依據。

而根據不同產業和商品屬性會有不同的銷售週期，如果商品或服務的銷售週期較長，意謂著創業者在現金回收前，需要準備一定的現金作為週轉營運用途，對創業者的壓力相對更大了些。

這就是為什麼從古至今，街邊的銅板生意（小額現金買賣的店鋪）永遠不會消失，因為銷售週期非常短。以夜市常見的雞排攤位為例，路過的人看到攤位招牌到決定付錢購買，只需要短短幾分鐘就可以完成交易。對手頭資金不充裕的創業者來說，銷售週期短的商品或服務反而是容易存活的事業型態。

關於方向的實戰法則

輕資本，靠自己就能上路

你是否常聽到周遭有人一直說自己有想做的事，但經過多年卻沒有動靜，原因不外乎是等團隊、等時機、等資源、等資金……。其實只要有心，等待期間一樣可以讓很多事情開始運作，而不是把希望押在別人身上空等；只要輕資本，同樣可以運作。

所謂的輕資本，指的是初期不需要投入太多資本就能啟動事業。雖然各行各業需要投入的資本不同，但在這個資訊發達的年代，很多工具不再昂貴得令人難以負擔，甚至人人都可以憑藉網路上的各種資源開啟創業之路。

創業是需要不斷累積經驗並持續修正的過程，所以創業者勢必得花大量心力去呵護這個初創事業。如果自己一人無法踏上創業之路，非得有夥伴才能前進，而且不是基於現實因素考量（資金資源、智財技術、人脈管道、關鍵技能）才需要合夥，反而應該檢討創業者的心態。

能落實的創意點子才重要

很多人擔心自己的創意點子被別人抄襲，故選擇祕而不宣。其實大可不必，因為這世界上最不缺的就是創意，能被具體落實的創意才重要。創業初期的關鍵是執行力，既然有好的點子，那麼更要有好的執行力，因為只有做出成果來，才是真正的贏家。

與其一戰成名，不如累積口碑

很多創業者初期都想承接大案子或投入大項目，因為這些成績是可以作為「實力證明」的代表作。這樣的思維固然沒錯，但大案子通常不好做且變數多，大客戶的要求也較多，如果小公司過早投入，未必是好事。

舉例來說，如果為了承接一個大公司的專案，執行期間三個月，執行完畢要驗收及請款大約還需要再三個月，對一家小公司來說，前期所投入的成本最快也要六個月才能回收現金，創業者應該思考公司的狀態真的有辦法承接嗎？

創業初期的商品或服務一定有其改善空間，與其想著做一個一戰成名的大案子，不如多承接一些好執行、現金回收快的小案子，透過不斷累積經驗來優化商品或服務的品質，同時也為公司務實地累積更多資金。到了時機成熟時再承接大案子，自然壓力和風險會小很多。

關於時間的實戰法則

創業最忌諱空轉空耗

對創業團隊而言，要能實現小蝦米對抗大鯨魚的情境，就必須掌握「速度」和「彈性」這兩大利器，因為初創公司的資源並不充足，就算找到好的商業利基，如果沒有在最快時間內驗證市場，等到大型企業發現這個市場，一切就已經來不及。所以創業團隊初期需要建立快速商業概念，確認此概念能成為持續運作的商業模式，並積極取得用戶信任，不斷地積累資源，才能為自己建立一座護城河。即便大型企業進軍此市場，也有能力一搏。簡言之，創業團隊必須用時間差來彌補資源差距。

此外，創業團隊因為規模小，比大型企業更有辦法因應市場變化而做出調整。擁有速度和彈性的創業團隊，才能迅速開展一方之地，為自己吸引到後續事業發展的外部資源。這就像古代作戰，如果有一方迅速搶下灘頭堡，就擁有地利優勢，甚至可以長期牽制另一方的行動。

所以團隊內部是否夠團結，將影響到事業前進的速度。

能否獲利，與時間長短無關

一個事業能否成功，內部還有很多關鍵因素需要檢視，例如知名度（有多少人知道這個商品或服務）、品質度（商品能否真正解決用戶問題）、性價比（商品售價與服務能否讓顧客願意掏錢）、便利性（用戶在取得這個商品或服務的過程中，是否感覺到方便）……等等，但創業者投入事業時間的長短，未必與事業是否能夠成功有直接的因果關係。事實上，一個商品或服務能否存活在市場上，與市場接受度有很大關聯。

通常在市場上無法存活的商品或服務，不需要耗費太多時間就能得到驗證，所以愈早放棄反而損失愈少，創業者無須執著在自己的想法上，如果一直忽略市場的反饋聲音，不管往後創業幾次，結局都不會太好。為自己的事業設定一個停損點，透過市場及外部觀點來評估自己的事業，減少主觀性判斷，就可以避免將資源一直投入在一個成功機率低的事業上；創業者要知道何時大膽出手，更要知道什麼時間該及早收手。

你或許會問，有沒有可能再多一點時間，這個事業就會有轉機？我認為，在投入更多資源與時間之前，應該好好檢視自己的商業模式，務實地找出影響生意發展的關鍵要素，才能對症下藥。而不是想著只要把時間拉長，不利因素就會自然消失，一切會隨之改變。與其抱持這樣的想像，不如好好檢視與修正自己的事業。

關於商品的實戰法則

直接買勝過試用調查

很多創業者喜歡提供試用品給用戶體驗，藉以作為未來商品真正上市的參考意見。這樣的做法其實沒有錯，但你是否想過，拿到免費試用品後所分享的意見和實際付錢後所分享的意見，兩者的心境其實有很大區隔。

這種狀況在面對價格調查特別明顯。拿試用品免費體驗的用戶對於調查問卷上的價格提問，回答的都是自我認知下的合理價位，也就是說，他們依照自己的經驗與判斷，認為這個商品在市場上應該值多少錢。這樣的思考角度，與在賣場看到這個商品所想的問題（「我現在願不願意花錢購買商品？」）相去甚遠，因為一個是不需要從自己口袋掏錢，另一個則需實際掏錢購買，對創業者來說，哪一種反應比較貼近真實市場呢？

這就是為什麼有些市調出來的合理價格在商品正式推出時，會讓用戶產生落差。

所以，直接賣還更有效！這是我從中國作家樊登所著的《低風險創業》得到的啟發。直接賣商品或服務給目標用戶，一樣可以得到重要的用戶意見，不同的是，這群給意見的用戶都是自己掏錢買的，這樣的聲音更能代表市場，而且創業者透過直接賣的動作，反而更能驗證這個市場是否真實存在。

確認商品要解決的本質問題，比商品創新重要

我經常提醒創業團隊，不要為了創新而創新；創新是解決議題的手段，重點應該放在「真正想解決的核心議題是什麼」，反之，只要能確實解決核心議題，是否創新也無關緊要。

關於財務的實戰法則

週轉資金要大於帳面盈餘

企業會倒閉有兩種情況，一是企業經營不善，長期入不敷出，當沒有資金支付營運

成本時，就會造成企業倒閉，俗稱「赤字倒閉」。二是「黑字倒閉」，指的是企業明明有賺錢，但因為尚未收到款項，也就是所謂的應收帳款，導致帳面現金不足；當有這種情況發生，企業在資金週轉時就會發生困難，尤其在需要支付日常營運成本時，現金不足就會變成週轉不靈的問題，嚴重時造成企業因此倒閉。

所以，創業者不能只在乎「如何賺錢」，也要在乎「如何收錢」，因為在帳款沒收回來之前，都可能有風險。對企業來說，現金就像人體內的血液，血液不足就會有死亡危機，創業者必須隨時注意現金是否充足。

必要才買，考量替代／交換的可能性

初創企業的每一分錢都必須花在刀口上，在審視每一筆開銷時請問以下問題：

- 此刻要買的東西會為公司帶來什麼實質效益？
- 需要現在就買，還是可以晚點再買？
- 能否借到，或是有達到同樣目的之替代品？
- 如果用租賃的方式，是否會比購買划算？
- 能否用商品或服務來交換到這些東西？

- 如果真要購買，二手貨能否達到同樣結果？

其實財務紀律不是等到企業茁壯時才開始養成，而要在公司規模還小時就謹慎對待每一分錢，久而久之便養成良好的財務紀律。對創業者來說，學會怎麼花錢和怎麼賺錢同等重要！

先求不敗，再求取勝！
戰場如此，創業也是如此！

第19章

找到神隊友，事業才會順

在我的輔導經驗中，發現大多數的初創團隊都會遇到一個難題，而這個難題往往與「人」有關。有經驗的職場工作者應該不難理解，最難處理的往往不是事情本身，而是「人」。

在這一章裡，我想分享一些初創團隊在「人」議題面上的經驗心得，分成「給創業者自身的提醒」、「如何尋找合夥人」及「如何發展團隊成員」三個部分來說明。

給創業者自身的提醒

本業未穩定前，把時間花在市場和客戶

我經常在一些創業講座、交流活動中，看到許多創業者穿梭其中，老實說，在事業

尚未穩定發展時，過於頻繁地參與這類活動，某種程度上代表他花在本業的時間相對較少，難道不怕本業出問題？

真正聰明的創業者會優先做好本業，因為唯有把自己的本業穩定了，優質的人脈與資源才會水到渠成。

對創業者來說，時間是最重要的資源，即便要參加學習活動，也要先搞清楚自己目前遇到的問題，每個時間的投入都要想清楚如何為自己創造價值，如果只是盲目地學習各種新知，成果不易展現。

建議創業者把精力放在商品或服務與市場的匹配上，把時間花在品牌打造及內部營運，以及已經付錢給你的客戶身上，因為市場和顧客才是創業者最好的老師。

人前堅強，人後要有垃圾桶

身為創業輔導顧問，有時也得充當心靈導師，我就曾在半夜兩點接到創業者的電話，內容通常不是專業面的討論，更多的是心情感受的宣洩。為什麼創業者要對創業顧問而不是親朋好友抒發心情感受？

試想一下，當你決定要創業，如果在經營上遇到障礙與問題，你會願意將自己軟弱的一面給員工看到嗎？如果這一面讓員工看到了，會不會打擊到員工的信心呢？一般人通常不會這麼做，尤其初創事業會面臨很多不確定因素，在很多情況下，創業者就算表面上明確地做了決策，內心其實充滿擔憂，而這種擔憂是無法對員工開誠布公。

那麼，你會對家人說嗎？當然，這要看你與家人的溝通模式，如果家人並不怎麼支持你創業，此刻再告訴他們你的遲疑與擔憂，或許會讓家人更有理由反對。同樣的，多數人都希望給周遭人好印象，如果朋友對你的情況感到擔心，過多的關心就容易亂，反而無法保持客觀的判斷，

無論如何，創業之路充滿挑戰，壓力無所不在，創業者需適度紓解壓力。我的經驗是，一般上班族可能很難理解創業之苦的人，不妨認識一些同樣在創業路上努力的朋友，彼此肯定、互相抒發，創業之路才能走得長遠。

贏得信任更重要

如果創業者具備公關能力，通常可以為自己的事業帶來更多有利資源，但不見得所有創業者都有這項能力，這與個人過往經歷有關，擁有這項能力是加分，沒有也未必扣分。然而我認為，有一項能力個人是每一位創業者都應該具備的，即「贏得他人信任的能力」。

經商要成功，離不開誠信二字。我的解讀是，「誠」即是要盡最大努力做到言出必

行，讓自己的承諾變成果；「信」即重視自己說出口的每一句話。

一個人若能做到誠信，就容易長期贏得他人的信任。從小處看，重視誠信的創業者容易吸引到更多優質的客戶、合作夥伴與團隊成員；往大處看，重視誠信的企業不僅社會觀感佳，打造品牌也會如虎添翼。

先務實，再超標

因為個性使然，我不太會過度承諾。面對合作夥伴，如果一般情況下能做到八十分，我會先承諾六十分，然後全力以赴做到八十五到九十分。這麼做有時候的確會損失一些機會，但長期來看是有正向效益的。因為如果重視自己說出的每一句話，別人就會更願意與你來往。

我剛出社會當業務員時，當時帶我的主管是全公司公認最實在的人，他教會我的不只是做人處事的道理，還有做生意的技巧。他說過的一段話，讓我受用至今：**就算實話不好聽，也要跟客戶說在前頭，然後盡自己最大努力，超出客戶期待**。

後來無論是與客戶溝通或洽談合作，我都奉行這個道理，寧可老老實實做生意。雖然有時會因為過於老實而失去機會，但也因此讓我一路上遇到許多貴人，也結交到志同道合的朋友，因為創業家的長遠競爭力在於個人品德，以及願意相信你的人有多少。

如何找尋合夥人

一個人走得快，一群人走得遠

這句話的前提是，一群對目標同樣渴望、志同道合的人才會走得遠，或者直接選擇商業利害關係明確的雇傭或專案委任關係，否則結果通常不如創業者一個人直接上路來得實在。等創業者上路做出成果後，通常人們才會相信並願意跟上來，因為多數人要先看到，然後才會真的相信。

很多人都認同團隊的力量比一個人大，所以容易有「要有團隊就得找人合夥創業」的誤解，但在很多情況下，其實創業者更需要的是一群能配合做出成果的手腳（執行團隊），而不是更多只想動嘴的大腦（只出意見的合夥人）。

上一章曾提到「創業最忌空轉空耗」，建議在創業初期不要搞名主，而要像軍隊，至少做決定、扛成敗責任的人要明確。初期太多意見只會造成干擾，拖垮整個進度。

每當我看到創業團隊的股東超過三人，都會擔心他們的內部溝通問題，因為股東人數愈多，溝通也愈費勁。我曾參與過一個創業項目，連我在內的股東就有十三人，那時真正體會到什麼叫人多口雜。尤其創業者若在股權上沒有一定的優勢，就很難確保自己想要發展的方向能夠貫徹。所以，寧可把重點放在那些願意履行承諾一起打拚的人。

先談淺，再論深

如何找到對的人上車，一直是個難題，尤其是要找事業合夥人，更是馬虎不得。當你面對不熟悉的潛在對象（也就是合夥的考量人選之一），我會建議不要急著確認合夥關係與商談事業細節，在對方還沒正式成為你的合夥人之前，請先從小合作開始，因為雙方都需要磨合，然後再從每一次的小合作慢慢堆疊信任關係。

不管再小的事業，找尋合夥人時，請先合作幾次有金錢利害關係的專案，感受對方在合作時的溝通模式與邏輯思維，觀察對方在賺錢時和賠錢時的反應，如此才能慢慢確認對方能否共同攜手創造事業。

大公司的高手未必適合初創團隊

在找尋合夥人時，如果遇到對方過去是出身自大公司的高手，也要再三考量，因為其過往經歷雖然可以當做參考，但主要的重點還是在於對方心態是否做好調整。一個人能在大公司得到成就，不代表創業時也能創造很大的成果，因為初創企業絕對不等於大公司的縮小版，在草創階段要做就是從零到一，在且戰且走的情況下，完善出適合自己的商業模式，而大公司做的事通常是「執行」已找到的商業模式，兩者的營運邏輯不能相提並論。

如果對方心態還停留在大公司萬事俱備的情況下，基本上對創業是沒什麼幫助。如果過去的經驗無法在初創企業中產生價值，那就是沒有價值。不管過往經歷有多輝煌，倘若缺乏調整的意願與歸零再出發的勇氣，心態上沒做好準備就貿然投入創業團隊，對自己、對整個事業都不是一件好事。

如何發展團隊成員

想清楚此刻是否真的需要員工？

由於初創企業尚未建立健全的人資制度（初期也不需要），找員工這部分必須在招募前就該想清楚。創業者此刻是否要雇用員工，建議思考下列問題：

一、哪些環節是你覺得若有專門負責的人來打理，會對事業更有效率？如果答案是未必，顯然現在不是找人的好時機。

二、你想雇用員工負責哪些工作？你熟悉那些工作內容嗎？自己能否教會新員工快速上手？完成這些工作平均需要多少時間？如果創業者自己都不清楚這些工作內容，又如何確保新員工能做出你想要的品質？尤其是沒有相關經驗的員工，如果創業者無法給予協助，也很容易造成人員流失。

三、若要更有效完成這項工作，需要哪些專業能力才能勝任？哪些是任用前就該具備的能力？哪些是到職後可以培養的能力？請將答案分別列出。

四、在接下來的三到六個月，是否有足夠的工作能安排給新員工？目前的預算請得起正職員工嗎？或者只找兼職？若將這部分業務外包給合作廠商，能否解決眼前的問題？如果答案為否，那麼找短期兼職或外包是否會更好？員工沒把事做好，或許可以檢視哪些部分需要改進，但若沒工作給員工做，肯定是創業者的問題。

五、你目前每週平均工作幾小時？是否滿意這樣的結果？未來希望能工作幾小時？順利找到員工後，真的可以讓你有時間去做更多有價值的事情？這些問題是幫助創業者檢視現狀，因為人生不是只有事業，還有很多需要投入時間長期經營（比如家庭）。如果聘任員工可以幫助創業者減少工作時間，去做其他更有價值的事或完成人生其他更有意義的事，聘請員工不失為一個好選項。

價值觀與特質為優先考量，其次才是能力

如何在創業初期找到適合的團隊成員，這裡分享一些我的觀點，從價值觀、特質與潛力三個面向來說明：

一、**價值觀**

●找尋與創業者的價值觀相符合的人，所以創業者得先釐清自己重視的價值觀為何，才能知道決策時該以何者為優先考量。

●找尋能真正聽懂創業者說話的人，才能降低溝通成本。

二、**特質**

●尋找對這個事業有熱情、重視長期利益勝過短期利益的人。

●正向、樂觀、抗壓性強，一同工作時不會帶給團隊負面情緒的人。

●重視誠信，並會主動坦承錯誤，勇於付諸行動修正的人。

●願意和團隊溝通，不會獨斷獨行、沒有英雄主義的人。

三、**潛力**

●不需要事事提醒，能夠自主去思考該去做些什麼樣的工作，才能為團隊及自己增加價值的人。

●初期團隊規模小，互相支援的情況勢必很多，所以要能夠拋開職務專長的框架，就算不是份內工作也願意去學習處理的人。

● 對自己的未來有期許，願意和團隊一起不斷進步的人。

除了給錢，還可以給別的

初創團隊的資源往往很有限，所以無法像大公司一樣給出誘人的薪資福利，但不代表就無法聘任到優秀人才。重點不要一直放著「給不起」的東西，而該想想除了薪資福利之外，還有哪些可以吸引到好人才。

以下是一般初創團隊「給得起」的東西：

一、**給職稱**：在大公司升遷不易，對於已有實務經歷的人才（這是前提），職稱有時候反而是誘因，在履歷上也會有一定程度的加分。相信我，有些人真的挺吃這一套。

二、**給能力**：在大公司講究的是專業分工，所以容易培養專業人才；但在小公司，特別是初創團隊，可以磨練和學習的東西真的很多，反而更容易培養出通才。在現代的商業環境中，比起單一專長的專才，擁有多項專長的通才更可以因應各種挑戰與困難，尤其如果能跟在創業者身邊觀摩學習，對於有創業打算的人未嘗不是個好的學習機會。

三、**給實薪**：即對於一些業務性質的工作，薪水結構要能反應產能，對公司的貢獻愈多，可以領的薪資就愈多。有時候這樣的條件反而可以吸引到一些勇於挑戰的人才，而且在這樣的薪資結構下，真正有實力的人有可能領到比在大公司還要多的薪資。

四、給尊重：由於初創事業規模小，創業者更要花心力在每一個好不容易招募進來的員工身上，千萬不要擺出「我是老闆」的高姿態，而應該打造一個類似社群的氛圍，讓員工感到自己有舞台受到重視，同時自己的貢獻能反應在公司的成長上。

> 寧可多花時間找到對的人，也不要應急亂找人。
> 因為人要先對，接著事業才會對！

第20章 團隊要成長，需要一個直諫者

無論是初創公司或規模龐大的企業，我們都必須承認「人無聖賢，誰能無過」，重點就在於是否擁有「發現錯誤」的機制，以及承認錯誤而改善修正的速度有多快。

「每個人都需要一面真誠的鏡子。」這是我踏入培訓產業時不斷被提醒的一句話，影響我至深。後來在我職場工作和自我創業的歷程中，我都會反問自己：「現在的我，是否擁有一面真誠的鏡子，讓我知道哪裡做得不錯或哪裡可以更好？」

但在東方的職場文化裡，我們往往很難對他人敞開心胸接納或給予回饋，主要原因可能有以下幾點：

一、把人和事混在一起考量

當我們對一件事有意見，並不代表就對這個人有意見，只是要做到對事不對人其實

並不容易，尤其當別人對自己所做的事有意見時，就很容易對號入座，認為對方可能存有偏見。

還有一種狀況也很常見：當別人要求自己做某件事時，常常會把這項要求和彼此關係混為一談，而很難真正說出心裡的話，甚至很難對不合理的要求說「不」，但拒絕這個要求不等於拒絕這個人。同理，只要是人都會做錯事（只要不是做壞事），通常做錯事之後都有修正的機會，無損於這個人本身的價值，可惜的是，很多人就容易把事和人混在一起考量，這可能讓自己失去聽到真誠意見的機會。

二、把虛心求教當成能力不足

當一個領導者敢於聽真話，身邊聚集的大都是人才；反之，則可能周遭盡是奴才。從中國歷史不難發現一個有趣的現象，即古代賢人曾子提出的「用師者王，用友者霸，用徒者亡」。「用師者王」意指敢錄用比自己強的人才，就能成就偉業；「用友者霸」意指採用與自己水準相當的人才，會有一番成就；「用徒者亡」意指只敢用比自己弱的人，事業很難發展。

三國的劉備、曹操與孫權至少都做到了「用師者王」，特別是劉備，非常懂得知人善任，因此能從一個編草鞋的人到成為一國之君。反觀初期勢力最大的袁紹就沒有這個智慧，他的行為表現就像是典型的「官大學問大」。依此邏輯，員工不應該超越老闆，假如員工看問題比老闆準，對事物的判斷比老闆準確，那就是員工的罪過。

其實，在許多組織中不難找出「袁紹」這樣的人。領導者的格局有多大，事業的版圖就有多大。領導者能否排除自己的猜忌，成為一位「用師者王」的人，就需要持續的自我修練與調整。

三、我執愈深，愈急著想反駁和表達主見

當他人意見與自己相左時，你是先選擇傾聽，還是先選擇解釋？

先選擇傾聽時，雖然免不了還是有很多內心對話，但若能先靜心了解對方要表達的內容，有時往往會有出乎意料的收穫。特別是創業者，直接面對目標用戶，專注傾聽他們的想法與需求，顯得格外重要，因為市場不是創業者自己說了算，而是由用戶決定。在傾聽用戶需求的過程中，很容易就會發現自己之前的假設或許不符合市場現狀，雖然會有些挫敗感，但獲得正確有用的市場情報更有利於將商品改善得更好。

先選擇傾聽而不是辯解時，即便對方的意見不如己意，但如果能做到「先保留，再求證，後消化，勤改善」，一樣可以從對話中受益。可是如果你選擇先辯解和表達意見，就失去聽到更多情報的機會，長久下來，願意說真話的人會愈來愈少。

四、無法衡量彼此的信任基礎界線，寧可不說或說謊來保護自己

人並非天生喜愛隱瞞和撒謊，通常是被環境所逼，因為擔心隱瞞的事實被揭開後會傷害到別人，或者讓自己受到懲罰。尤其看到組織裡說真話的人被打壓，迎合奉承的人被提拔，如果真有「不怕死」的人說了真話，而領導者又聽不進逆耳忠言，被打入冷宮也只是剛好而已。所以多一事不如少一事，「不說」也不失為一個好方法。

其實這種情況在職場幾乎天天上演，學會如何更聰明地保護自己，這樣的做法本身並沒有錯，但對組織來說，如果敢說真話的人愈來愈少，組織氛圍將會愈來愈差，離敗亡也就不遠了。

五、誤把堅持和固執混為一談

創業者要有自己的堅持，這點無庸置疑，但堅持和固執是兩種不同的表現。對於未來目標與願景、經營理念與價值觀，事業經營者要有所堅持；但對於達成目標的做法，則需保持彈性，因應市場變化，才能逐步前進。

堅持者，在意「如何完成目標」，以目標為重，不輕言放棄，能夠調整自己的做法，選擇離目標最近的方法執行。固執者，在意「證明自己正確」，以自尊心為重，即便做法不當，礙於自尊與面子，還是會想方設法繼續下去，直到最後一分籌碼耗盡。創

業者其實需要的是一份堅持，而非自我滿足的固執。

從以上五點原因可以了解到，接納他人直諫並不是一件容易的事，尤其對創業團隊而言，市場是動態的，需求是即時的，倘若團隊內部花很多時間在互相猜忌與質疑，彼此不願意成為真誠的鏡子，這個事業又該如何更有效率地成長？

為了避免這種狀況，以下有幾個具體可行的方法：

（一）鼓勵員工對同一件事擁有不同的切入觀點：尤其在會議中，鼓勵與會人員願意朝不同面向去思考，為團隊與組織找出更多的可能性。

（二）容許組織裡有唱反調的烏鴉：烏鴉必須是有建設性而非破壞性的發言，理性而非情緒性的態度，是為了組織好而勇於提出不同觀點，而非滿足自我的表現欲，這樣的人是刻意培養出來的。在組織裡，領導者要能夠允許不一樣的聲音存在，而且在決策之前，鼓勵大家充分表達意見，不要害怕自己的意見與他人不同，如此才能幫助團隊的思維更多元，看待問題也能更全面，而不是成為死氣沉沉的一言堂。

（三）會議中，領導者盡量不要第一個發言：領導者必須清楚認知，自己的一言一行對團隊會有很深的影響，如果在某個議題率先表態自己的看法，反而容易限制團隊的想法。

（四）會議中，要讓大家都開口發言，對決議有承諾：領導者要引導成員說出所有可行的想法與觀點，並在每次會議的最後十五分鐘，詢問所有與會者有關今日的決定，然後在白板上寫下團隊在會議中做出的每一個決定，讓大家認真考慮，確定這就是全體人員同意的內容；如果不確定，重新討論直到每個人都明確了解決定的內容。

創業者要隨時提醒自己，擁有一面真誠的鏡子，好讓自己持續精進。

後記

勿忘初衷，不輕易放棄，路才走得遠

如果你已走在創業路上，最需要時刻提醒自己的觀點就是「勿忘初衷」：

- 選擇創業後，如願創造出你想要的價值了嗎？
- 當時最想要解決的問題、最想要幫助的人，如今是否仍一樣？
- 當時成立公司的理念，至今是否仍為此奮戰？

不管當初是基於什麼原因走上創業這條路，不管一路上顛簸還是順遂，都不要忘記當初做出這個決定的情境，無論未來發生什麼事都請勿忘初衷，不要失去當時創業的態度，尤其爬得愈高，身段就要愈低。

如果人生弄得像場賽跑競技，終究會有輸有贏。不如把人生看做是一趟旅行，人事物會變成途中景色，跳脫輸贏，只需在意是否抵達理想終點，以及自己是否滿意。

就算眼前順遂，也不要忘記以前跌過的跤、吃過的苦！

分享一個我自己的故事。其實我生來就不是個天資聰穎的人，幸運的是，我很早就清楚自己有多麼不足，回想每一步都是咬著牙笨笨地走過來，至今還在不斷地犯錯、不停地修正。我很喜歡自己的「笨」，也喜歡自己的「不足」，至今仍覺得還有很多事情要學。

我很感謝很多貴人一路上的牽成與鼓勵，也感恩曾經瞧不起我、看衰我的人。記得我剛開始從事職涯諮詢、並以此收費維生時，有位前輩當著我的面說：「年輕人，你根本不配！你差遠了！」

我當講師的第一年，有位學員當著全班八十名學員面前，指著台上的我說：「你教得很爛！我沒看過這麼爛的老師！」

是呀，當時我遇到這些打擊時的確很難受，我知道自己不夠好，確實差遠了，但我知道，若不選擇繼續往前走，那就真的如別人所說的——真的不配！

評價是別人給的，終究只是一時；但成果是自己拚的，積累才是踏實！

經過了好多年，我還是繼續走著創業這條路，因為我一直很清楚自己想要幫助的人，以及想要帶給人們的價值，我知道走這條路會看到我要的價值，並且看到我期盼的風景。

更重要的是，不要因為旁人的眼光和偏見，抹殺了自己生命的可能性。即便在這條路上咬牙苦撐，日子過得再苦，面對多少個夜深人靜也繼續拚搏，我不想輸給自己，更不希望做個連自己都看不上眼的人。

沒有人一開始就很強大，但是初衷和信念會幫助自己變得愈來愈強大！

因為從小就知道自己不是個很聰明的人，所以接受了自己的不足與弱點。但我告訴自己，我可以靠努力來改變自己。

沒有人可以評斷我們的人生和夢想，如果有人在你的夢想前給你痛痛一擊，讓你感到絕望，不妨換個角度思考，他是你的貴人，因為老天安排他出現，讓你重新體會自己對走上這條路的選擇。

如果你挺過來了，也站得穩，當有年輕人站在你面前分享他的夢想和願景時，想想看，你會選擇怎麼做：

做那個當年給你打擊和絕望的人？

讓他失去追逐夢想的動力？
還是做一個給他希望和啟發的人？
幫助他離夢想更近一些？或是幫助他看到不同的面貌？

勿忘初衷，不輕易選擇放棄，
才能活出自己想要的面貌。

謝辭

以前曾在網路上看過一段影片，是香港藝人張衛健感謝劉德華當時的即時援手，印象最深的一句話是：「**得到的，去幫人。學到的，去教人。**」這句話帶給我很大的觸動，並以理念朝講師與顧問之路邁進。

而這也是我寫本書的初衷，如今夢想成真，真的覺得自己是個幸運的人！一本書要能出版，擺在書店為人所知，背後少不了一群為此犧牲奉獻的人。真心感謝遠流出版公司願意給我這個機會，謝謝編輯團隊帶給我的學習與收穫，特別是像我這種第一次出書的素人作者，如果沒有遠流團隊的鼎力協助，我想這本書一定胎死腹中，離我的出書夢想更是遙遙無期。

我也要特別感謝我的父母，願意支持我走上自己想要的夢想之路。從小父母就教導我做人要腳踏實地，一步一腳印，這養成了我逐夢踏實和不願輕易放棄的性格。此書之所以能完成，有一部分要歸功於父母對我的栽培與指導。

感謝所有曾給予我指導與提攜的師長先進們，他們不放棄我這個愚鈍的學生，讓我今天得以走在正道。特別是金宏明老師與廖年明老師，兩位前輩對我的教誨與協助讓我受益良多，是我踏上夢想之路上最感恩的人。我想對於師長們最好的報答，就是做一個對社會有貢獻的人，成為對人有幫助的明師，讓這樣的善意與能量繼續傳承。

謝謝一路走來曾經拉我一把的親友們，你們在我最失意難過時仍然沒有放棄我，還願意給我機會，希望我這些年沒有辜負大家的期待。

最後還要感謝每一位願意閱讀本書的讀者，如果書中的內容對你有所助益，哪怕只有一句話，只要能讓你覺得有所收穫，對我來說就是最快樂的事情。

優勢推薦

少女凱倫（創業家）

在疫情衝擊後，大多數人的工作型態有了劇烈轉變，在家上班已經是現實，這也讓許多本身具備才華的工作者騰出了更多時間，得以透過個人優勢接案到創業。

因著彈性的工作時間、生活型態，愈來愈多人嚮往微型創業，打造一人事業、個人公司，但往往不曉得該如何開始，起步之後更碰上商業交涉而卡關。《優勢創業》系統化地從個人定位開始，帶著你找到方向、建立商業模式，並規畫長期發展，是相當完整的個人創業方法論書籍。

周育如（台灣自媒體產業發展協會第二屆理事長）

近幾年受到大環境變化，加上新世代工作者竄起以及數位科技、疫情等影響，職涯和創業發展諮詢需求大量湧現。而在此衝擊之際看到政廷出版了《優勢創業》這本工具書，可說是提供了有效的解答。

在自媒體興盛的時代，情報查找方式與決策方式都有了巨大變化，過去的經驗價值未必適用在未來，而新的經驗價值也不一定在未來有好發展，我們只能保持開放探索、觀察、嘗試體驗的心態，持續在雲霧裡摸索前行。但不管是我過去擔任管理職或協助自媒體與ＩＰ（智慧財產權）人才發展的經驗，很多人對自己的認知與別人對自己認知有巨大落差，甚至有的人連自己想做什麼都不清楚。一如政廷在書中提到，「對自己的一無所知，是最殘忍的迫害」，唯有真正了解自己，才是未來發展的關鍵要素。

相信這本書可以幫助許多正在職涯迷惘以及想創業、想發展自媒體的讀者，跟著書中的工具方法及步驟，一定可以梳理出屬於自己的未來地圖。

金宏明（資深企業講師、顧問）

認識政廷已十餘年，我們合作過許多案子，始終保持著亦師亦友的關係。看著他從初入社會的青澀，歷經許多磨難，其中當然有成長及喜悅，同時也伴隨著挫敗與沮喪。但令我佩服的是，他始終保持對工作的熱忱與使命感，有著旺盛的企圖心，朝著既定目標勇往直前，從不放棄。倘若你結識現實中的他，肯定會和我一樣，被他持續追求卓越的堅持與信念所折服。

從事企業講師與顧問領域的人多如過江之鯽，但真正具備豐富理論與實務經驗的人，卻少如鳳毛麟角，而政廷恰好是其中的佼佼者。《優勢創業》這本書不僅有他個人職業生涯裡的經驗，更有多年來的所見所聞，是一部絕對經得起考驗的著作。

與其「找工作」，不如「創工作」。就讓政廷擔任你的私人教練，善用書中獨特的工具與步驟，引導自己找到創業的方向，並且發掘利基，走進專屬自己的事業吧！

張哲嘉（Piingo-piingo 品果吧共同創辦人）

其實創業者是迷惘的。有如在黑暗中前進，你能看到的，僅是手上那支手電筒所能照到的地方，其餘全部是一片未知。因為大多數的創業者光是忙於本業就常常時間不夠用了，而無法廣泛吸收知識或前瞻趨勢。

所以，創業者在事業初期若能遇到一位好顧問，絕對是一大幸事！所幸這些年，Ben 一直扮演我的良師益友，陪著我一起解決創業路上的大小難題。很多時候感覺自己的路已經走不下去、心情苦悶，若不是他在一旁聆聽，給予專業指導，我想我早就放棄了，更甚者，不知道犯了多少不可逆的錯誤。

再次恭賀 Ben 能夠順利出書，看到他無私分享經驗與知識給更多人，對於想要打造自己事業的人來說，絕對是一大福音。如同他這些年帶給我的協助，其價值可說是難以估量，相信這本書的問世一定可以幫到更多人。

許巧齡（「SCPC國際職業策略規劃師」亞洲首席總培訓師）

無論你是職場新鮮人還是身經百戰的職場菁英，都可以從這本書得到職涯新思考和省思。政廷長時間與中小企業主互動，在培訓中最受歡迎的，就是教會大家務實「接地氣」的簡單實用工具和方法，這次，他不藏私地公開在書中。用於個人，可快速釐清自己的職涯方向；用於創業情境，則幫助創業者能應用策略思考，更多元地解決問題和選擇機會。

本書第二部很清楚地教大家打造自己的優勢和擴大影響力，這個技能在現今自媒體發達的時代尤其重要，也是「SCPC國際職業策略規劃師」證照裡相當強調的重點。書中彙整了政廷個人的思路和方法，其實他自己便是將自我價值變現的最成功實證。如果你還有創業夢，更不要錯過第四和第五部的實戰法則，從微創業中讓自己「低風險」嘗試和體驗，相信一定可以找到一些真正「可賺錢」機會。

塗家興（台灣電子商務暨創業聯誼協會理事長）

過去如何找到好工作或如何找到鐵飯碗，是許多人的思維方式，但如今的世代，

「找工作」不如「創工作」。作者陳政廷提出「名」、「響」、「利」三個思維步驟，充分帶出這個「信任經濟」世代所需要的存活關鍵，幫助創業者將模糊的事業概念具體化成可執行的事業體系，用最短的時間、資源和成本，達到快速取得顧客名單、提升業績的成效，並且以「市場」、「方向」、「時間」、「商品」、「財務」等五大面向點出創業失敗的地雷，再結合各種有效實用的工具表單，協助創業者從「創工作」到「創事業」。本書實用性極強，非常適合零到一的創業者直接操作，相信將可以少走許多冤枉路。

楊孟儒（路隊長）（Podcast《好女人的情場攻略》主持人）

二〇二〇年初，我因為經營「非誠勿擾快速約會」這個活動（單身聯誼活動）多年，卻始終沒有太大成長，縱使每天寫點情感類的兩性文章，但因為對寫文章不太有熱情，有種使不上力的感覺，於是向政廷請教突破的方法。他做了完整分析後，建議我不妨試試YouTube影片或Podcast節目，流量穩定時，也可多發展其他不同的服務或產品，例如兩性課程或更多不同類型的單身活動。

後來我們有了《好女人的情場攻略》這個熱門的Podcast節目，也透過這個策略，營業額在短短兩年內成長了五倍，幫助更多人能在情場上得到知識。感謝政廷，也強烈推薦他的《優勢創業》這本書。

廖年明（知名企業講師、未來企管顧問公司總經理）

一場疫情讓市場破碎重組，也打破了一群人的金飯碗與鐵飯碗！創業是一個充滿困難與風險的夢想，不僅要跨出舒適圈，還要有足夠的智慧與能力。

《優勢創業》是政廷老師多年輔導創業的精華，創業貴在發揮己長、趨吉避凶，但你真的清楚自己的優勢嗎？如果你感到迷惘，書中的各種工具表單能助你一臂之力。而創業有兩難，第一難是沒錢沒資源，書中提及的商業系統恰巧告訴我們如何能夠小成本大製作，有效集客並整合資源，跳出打泥巴戰的傳統市場；第二難是打廣告要花大錢，客戶取得成本愈墊愈高，然而透過書中的「小眾行銷思維」，學到花小錢就能牢牢鎖定目標客群。

學習是跳出心智模式最好的方式，《優勢創業》這本書值得你投資。

趙胤丞（知名企管講師）

COVID-19疫情造成很多產業衝擊，職場工作者在人生的十字路口，考慮該創業還是另謀高就。很多人選擇創業拚看看，但往往高估了自身能力、低估了環境風險，甚至存有僥倖心態，結果不只賺不到錢，更大機率是背負了債務。那麼有辦法降低創業失敗的風險嗎？有的，就讓《優勢創業》告訴你。

仔細拜讀這本書，發現它像是一門課程，內容條理分明，架構清楚易懂，而且搭配舉例與豐富表格，讓人不單單只是閱讀，更能確實操作運用。如果你希望有個低風險、高成就的創業人生，盡量做到「先求不敗，再求取勝」的無限賽局心態吧。誠摯推薦政廷顧問的最新力作《優勢創業》。

鄭緯筌（「Vista 寫作陪伴計畫」主理人）

以往，我曾經是一位媒體人，採訪過很多優秀的老闆與創業家。近年來則以講師、顧問身分縱橫職場，同時也在１０４人力銀行幫數百位年輕朋友做履歷健診。我很清楚大家對於職涯發展的渴盼與不解，也知道很多人有著鴻鵠之志，懷抱著發展斜槓或創業的憧憬。

儘管如此，很多人還是裹足不前。說穿了，就是他們內心裡有太多的困惑與不安。這種時候，特別需要一位有經驗的職涯顧問從旁協助。如果你也有類似的困擾，我很樂意向你推薦陳政廷（Ben）的《優勢創業》一書。

我認識政廷老師很久了，他不但是我在講師圈的好友，過往也是讀書會的夥伴。很高興他的新書出版，更棒的是我看過書稿之後，赫然發現這是一本具有底層邏輯、商業思維且接地氣的行動指南，特別值得推薦給大家。

盧世安（人資小週末社群創辦人）

這是一本「普通人」都應該擁有的「職涯與創業」啟蒙操作手冊。「普通人」不是貶抑，而是一種統稱，意指即使您和大多數人一樣沒錢沒勢、無人脈無資源，您都可以採用本書作者所提供的心法與技法，透過實際的操作測試，為自己構築一個安身立命的堅實基礎。

「職涯與創業」是本書的主軸，這個主軸其實有兩條路徑，一是要將創業作為職涯發展的重要選項，讓自己有機會從內到外嘗試轉型為「經營者」；二是努力為自己的職涯注入創業者應有的工作態度與技能，讓自己縱使是依附在某一個企業體，仍然可以透過職能的持續成長，有效保持職涯轉換與發展的「能動性」。

認識政廷老師已有數年，也許他不是最突出、聲名最響亮的老師，卻是我心目中最實在、最有誠意且最具實踐觀的老師之一。本書是他灌注心神全力以赴的新書，特別推薦給您。

鍾曉雲（創才顧問服務公司執行長）

在我的人生歷程中，總是被教導著要截長補短，看到不足的地方就要想辦法補足，這個觀念既對也不對。對的是認清事實，了解自身優勢與劣勢；不對的是，如果一直耗盡心力聚焦在短處，卻忽略了長處的發揮，豈不是更可惜？

身為非典型講師／創業者／斜槓人，我在成為自雇者與創業的歷程中不斷摸索與試錯，也繳了不少人生學費。看完政廷老師的《優勢創業》，不禁感嘆，如果早點看到這本書，或許可以少走許多冤枉路。這本書有思維、有方法，如果你想創業卻不敢踏出第一步，它可以幫助你從發掘優勢到讓公司小而美、小而穩健地持續發展。而如果你和我一樣已經走在創業路上，這本書可以幫助你檢視目前創業的狀況，並加以完善與優化。

蘇書平（先行智庫執行長）

後疫情與數位轉型時代改變了不少產業的工作型態，也加速了職場的改變，過去所謂的鐵飯碗，再也不是工作的保證。《優勢創業》作者陳政廷在書中提到一個觀點，找工作不如創工作，想辦法讓自己就像ＵＳＢ隨身碟即插即用，也就是讓自己擁有可移動的能力。作者在書中整理了許多自己設計的職場工具與表單，協助每一位工作者運用更有效的方式盤點自身價值觀與優勢，找出強化個人知名度並擴大影響力的方法，設計屬於個人獨特的賺錢公式。不論你是職場受雇者、自由工作者還是正在創業的中小企業主，相信透過作者的實務顧問輔導經驗與工具表單，可以讓你在最短的時間升級自我。

非常推薦這本《優勢創業》。

實戰智慧館 522

優勢創業

掌握5大重點，把你的優勢變成一門好生意

作　　者 —— 陳政廷

主　　編 —— 陳懿文
封面設計 —— 萬勝安
行銷企劃 —— 舒意雯
出版一部總編輯暨總監 —— 王明雪

發 行 人 —— 王榮文
出版發行 —— 遠流出版事業股份有限公司
104005臺北市中山北路一段11號13樓
電話：(02)2571-0297　傳真：(02)2571-0197　郵撥：0189456-1
著作權顧問 —— 蕭雄淋律師

2022年8月1日　初版一刷
定價 —— 新台幣380元（缺頁或破損的書，請寄回更換）

ISBN 978-957-32-9662-1

遠流博識網　http://www.ylib.com
E-mail:ylib@ylib.com
遠流粉絲團　https://www.facebook.com/ylibfans

國家圖書館出版品預行編目（CIP）資料

優勢創業：掌握 5 大重點，把你的優勢變成一門好生意 / 陳政廷著 . -- 初版 . -- 臺北市：遠流出版事業股份有限公司 , 2022.08

面；　公分

ISBN 978-957-32-9662-1（平裝）

1. CST：創業　2. CST：企業經營　3. CST：職場成功法

494.1　　111010398